The Theory of Striving for Realism and Innovation for Water Resources and Water Environment Protection

水资源与水环境保护求实务新说

汪 达　汪 丹◎著

中山大学出版社
·广州·

图书在版编目（CIP）数据

水资源与水环境保护求实务新说/汪达，汪丹著．—广州：中山大学出版社，2011.8

ISBN 978-7-306-03938-5

Ⅰ.①水… Ⅱ.①汪… ②汪… Ⅲ.①水资源—资源保护—研究 ②水环境—环境保护—研究 Ⅳ.①TV213.4 ②X143

中国版本图书馆 CIP 数据核字（2011）第 131421 号

出 版 人：祁 军
策划编辑：马霄行
责任编辑：马霄行
封面设计：汪 丹 曾 斌
责任校对：杨文泉
责任技编：何雅涛
出版发行：中山大学出版社
电 话：编辑部 020-84111996，84113349，84110779，84111997
发行部 020-84111998，84111981，84111160
地 址：广州市新港西路 135 号
邮 编：510275 传 真：020-84036565
网 址：http：//www.zsup.com.cn E-mail：zdcbs@mail.sysu.edu.cn
印 刷 者：广州中大印刷有限公司
规 格：787mm×1092mm 1/16 13.75 印张 243 千字
版次印次：2011 年 8 月第 1 版 2011 年 8 月第 1 次印刷
印 数：1~1000 册 定 价：28.00 元

汪达先生2008年在完成本书初稿时的照片

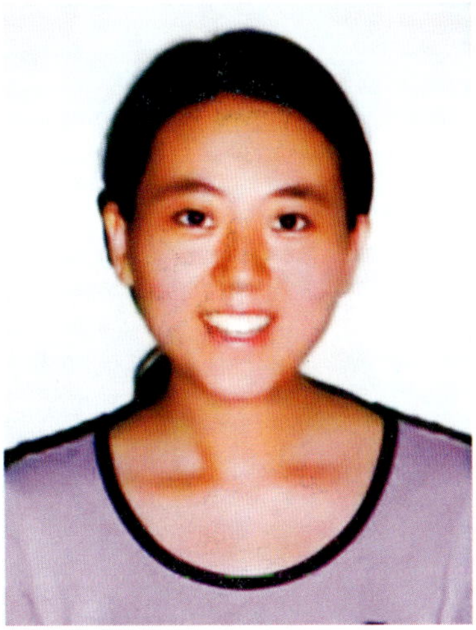

汪丹女士2009年完成本书终稿时的照片

汪达先生（前排左四）获得质量安全先进个人奖

汪达先生在长江三峡第三期工程从事环境保护监理工作

汪达先生（左二）在嘉陵江亭子口水利枢纽工程中担任环境保护与水土保持总监理工程师

汪达先生2011年获得工程建设标兵称号

荣誉证书

汪达同志：

被评为 2010 年度亭子口水利枢纽工程建设标兵。特发此证，以资鼓励。

二〇一一年二月十一日

汪达先生获得工程建设标兵称号的荣誉证书

汪达先生与汪丹女士在策划编撰本书

汪达先生与汪丹女士在丹江口大坝建设中从事环境保护监理工作

汪达先生（前排左五）接受工程建设标兵称号颁奖

内 容 提 要

作者根据30多年间在流域水资源与水环境保护事业中监督管理工作的经验总结、科学研究成果、环境监测系列数据的分析和国内外生态环境保护发展趋势，以及对水资源与水环境保护的内涵与外延、生态修复与生态建设的创新等内容进行深入归纳后的心得、体会和感悟撰写了本书。

本书主要内容划分为四编：第一编，环境水利实践与探索；第二编，水资源与水环境保护科学研究；第三编，水利工程环境保护管理与监理；第四编，水污染防治对策。本书提出了很多水资源与水环境保护方面的新观念、新思维、新策略和新方法。其实质也就是水资源与水环境保护求实务新的四个方面：方向、方针、方略及方法。

本书从科学发展观的角度论述水资源与水环境保护事业的发展规律，阐述相关改革创新思想，奉献生态环境保护建设管理体制的创新观念、创新机制和创新技法。提出的环境水利思想、生态建设原理、治水保水之道、人与自然和谐相处理念和环境保护科学与技术等，可供热心关注自然、保护环境的读者应用及研究参考。

Content Summary

The authors acts according to the management by supervision work experience summarizes, the scientific research achievement, the environmental monitoring series data analysis during more than 30 years and the domestic and foreign ecological environmental protection trend of development in the basin water resources and in the water environmental protection enterprise, as well as to the water resources and the water environmental protection's connotation and the extension, ecology repair and ecological building's contents and so on innovation, after carrying on the thorough induction the attainment, the experience and the feeling, has composed this book.

Its primary coverage division is four: 1, environment water conservation practice and exploration; 2, water resources and water environmental protection scientific research; 3, hydraulic engineering environmental protection management and overseeing; 4, prevention and control of pollution countermeasure and so on. Proposed many water resources and the water environmental protection aspect new idea, the new thought that the new strategy and the new method. Its essence is also the water resources and the water environmental protection asks the practice new four aspects: direction, policy, plan and method.

This book elaborate water resources and water environmental protection enterprise's law of development and related reform innovation thought that offer ecological environmental protection construction management system's innovation idea, innovation mechanism and innovation technique from scientific development concept angle. It proposed the environment water conservation thought that the ecological building principle, regulates waterways guarantees road, the human and the nature is together harmoniously the idea and the environmental protection science and the technology and so on, may supply the warm-hearted attention nature, the protection environment reader application and the research reference.

作者简介

汪　达，男，1957 年 5 月生于湖北省武汉市，籍贯江西省贵溪市。现为水利部注册总监理工程师，水土保持、环境保护等专业注册监理工程师，长江水利委员会高级工程师，嘉陵江亭子口水利枢纽工程建设环境保护与水土保持监理部总监理工程师。

1979 年 3 月通过长江流域规划办公室内招考试，进入长江水源保护局工作，从图书资料管理员做起，直至 2002 年 12 月任该局水资源保护管理处科长、高级工程师；2003 年 1 月至今在长江水资源保护科学研究所从事环境保护、水土保持监理和生态环境科学研究等工作。

在从事水环境与水资源保护流域管理和科学研究工作的 30 多年间，曾先后主持过十余起长江重大水污染事故的调查处理以及下述重要会议、展览、报告、规章、文件等的筹备和拟订工作：

筹备成立长江水资源保护委员会，起草《长江水资源保护委员会章程》；

筹备、组织“长江水资源保护座谈会”，并起草相关会议文件；

为水利部创作《发展中的水环境监测》（全国水利系统水环境监测工作成就）大型展览并在全国水利系统巡展；

为全国人民代表大会环境与资源保护委员会编写《关于长江上游生态环境调查及长江流域水环境与水资源保护存在问题的报告》；

为国务院三峡工程建设委员会创作《湖北省兴山县龙门河亚热带常绿阔叶林自然保护工程建设监理画册》；

为水利部水资源司撰写《长江流域水资源保护局生存与发展专题报告》、《国外水资源保护区域化和流域化管理发展趋势——探讨我国水资源保护管理体制建设》、《长江水资源保护管理存在的主要问题汇报》、《长江干流饮用水水源保护管理规定》、《长江流域水资源保护现状及特征研究》、《长江流域水资源保护立法必要性》、《长江水利委员会取水许可水质管理规定实施细则》、《建立健全长江流域水资源保护机构职能加强流域取水许可水质管理工作》、《关于加强保护长江水资源工作的意见》等报告；

为长江水利委员会设计《水资源保护法律法规题库》；

为长江流域水资源保护局、武汉晨报社等单位在长江流域联合举办的“保护长江，爱我中华”大型活动设计《保护母亲河知识竞赛试题库》；

为中国长江三峡工程开发总公司编写《长江三峡工程环境保护补偿项目实施计划》、《三峡第三期工程施工区环境保护管理实施细则》和《三峡第三期工程施工区环境保护工作考核办法》；

主持长江流域水土保持与湿地保护研究，水资源保护经济政策研究；

首创起草《水利水电工程环境保护监理规范》；

负责编写《长江重要堤防隐蔽工程（湖北部分堤段）竣工环境保护验收调查表》、《长江重要堤防隐蔽工程水土保持设施竣工验收监理工作报告》、《安徽省长江干流堤防加固工程（非隐蔽工程）竣工环境保护验收调查表》；

负责长江重要堤防隐蔽工程、疏花水柏枝和荷叶铁线蕨抢救性保护工程（长江三峡系统工程之一——三峡库区特有珍稀植物保护工程）、湖北省兴山县龙门河常绿阔叶林自然保护工程（长江三峡系统工程之一——三峡库区珍稀植物保护与生态修复工程）、长江三峡工程生态与环境监测系统、长江三峡第三期工程、南水北调中线丹江口大坝加高工程、嘉陵江亭子口水利枢纽工程建设等项目的环境保护监理和水土保持监理工作；

参与武汉长江第一越江隧道工程动床模型试验研究、江河湖库生态修复工程研究等主要业务工作；

长期兼任“全国水系污染与保护科技信息网”理事会副秘书长、《长江志·水资源保护篇》副主编，以及《长江水资源保护》、《水系污染与保护》、《长江水资源保护简报》等杂志的责任编辑；

主编《水环境保护与管理文集》（黄河水利出版社，2002 年）、《长江志·水资源保护》（中国大百科全书出版社，2004 年）等学术专著；

参与编写《长江志·规划》（中国大百科全书出版社，2007 年）和《柏寿太极养生道》（山西科学技术出版社，2011 年）等图书。

汪　丹，女，1989 年 6 月生于湖北省武汉市，籍贯江西省贵溪市。现为陕西科技大学硕士研究生，陕西科技大学创业协会副会长兼秘书长。

曾在《科技导报》、《水土保持研究》、《湿地科学》、《水资源保护》、《南水北调与水利科技》等国家级或省部级科技杂志上发表论文多篇，并参与《水环境与水资源保护之道》、《湛江碧湖水生命论》、《天蓝山青鸟翔歌赋》等生态环境保护专论书稿的撰写工作。

以父、祖辈为榜样，学习、研究保护水资源、水环境及水利工程建设的专业理论，并积极参与保护生态环境的工作实践，将研究、实践成果发表相关文章，呼吁社会关注水资源、珍惜水资源。

目　录

Contents

序

第二次世界大战之后的20世纪50～70年代，由于战后原子能残蜕性放射、工业“三废”排放及农业毁林的影响，加上化肥、杀虫剂等的污染毁损，大气臭氧层遭到破坏，生物种类及数量锐减，水土流失、土地荒漠、自然灾害频繁，全球自然环境急剧恶化，严重危害人体健康和生物生命安全。

人类恶果自食，才开始对自己用战争、贪婪、肆意和无知所造成的环境污染、生态破坏逐渐加深认识、认真关注。联合国环境规划署于1972年6月在瑞典斯德哥尔摩召开了有史以来的首次“人类环境会议”，发布了《人类环境宣言》，1987年世界环境与发展委员会发表了《我们共同的未来》文告。1992年6月，联合国在巴西里约热内卢召开了“环境与发展大会”，发表了重要的《关于环境与发展的里约热内卢宣言》，并发布了21世纪发展的行动纲领《21世纪议程》。

中国环境保护事业从1972年起步。1973年举行了第一次全国环境保护会议，1976年开始先后成立了长江、黄河、珠江等各大江河水系“水源保护局”。1994年3月，国务院通过了《中国21世纪议程——中国21世纪人口、环境与发展白皮书》。其内容包含四部分：可持续发展总体战略，社会可持续发展，经济可持续发展，资源的合理利用与环境保护。从此，中国郑重地向全世界宣布，中国已进入环境保护时代。

水资源和水环境保护的基点是水的污染防治。水资源保护规划是水资源保护管理的依据，而水资源保护管理则是各流域水资源保护局的主要职责之一。水资源保护管理工作的内容很多，主要有水资源与水环境保护管理监理、取水许可管理、入河排污口管理、水功能区管理、水污染事故处理、水环境监测及研究、环境影响评价以及生态修复工程等。目前，我国各大水系水污染恶化的趋势还未得到控制，水资源与水环境保护任务繁重。研究发达国家的生态环境保护先进经验，实施江河流域综合管理是现代水资源与水环境保护管理的最佳途径。我们的指导方针是科学发展观，目标是妥善处理人与自然和谐相处的难题，正确处理发展与保护之间矛盾对立统一的关系。

在这伟大的21世纪之初，新中国60华诞之际，汪达先生和汪丹女士联袂捧出他们的水资源与水环境保护的力作，具有重要意义。他们为环境保护建言献策，提出环境水利思想，生态修复、生态建设实践和生态平衡理论，富有创新意识，用心良苦。慨然将其数十年来在水资源与水环境保护工作中的实践经验、研究成果及心得体会等无私地奉献给广大读者，精神可嘉，令人钦佩。

汪达先生从青年时代正式参加工作开始，就一直服务于长江水利委员会1976年组建成立的长江水源保护局及长江水资源保护科学研究所。数十年来，曾担任过工程师、高级工程师、科长、代处长、总监理工程师等职务，长期从事水资源与水环境保护流域管理和研究工作，涉及上述水资源与水环境保护管理的多项业务，取得可嘉的功绩，对水资源与水环境保护事业，作出了一定的贡献，曾十多次被评为年度先进工作者。又曾长期担任“全国水系污染与保护科技信息网”（1977年5月成立）理事会副秘书长，数十次组织筹办网会、年会、情报与学术交流会等，并同时兼职网刊等三种刊物的责任编辑，对环境保护事业驰南骋北，东西联合，不辞辛劳，成绩斐然。

应友人建议，汪达先生凭借多年来积累的丰富工作经验、科学研究成果，以及对水资源与水环境保护重要内涵的深刻认识和阐发，利用业余时间专心著述，历时数载，完成了《水环境与水资源保护之道》、《水资源与水环境保护求实务新说》、《湛江碧湖水生命论》、《天蓝山青鸟翔歌赋》等专著的编写工作。

作者汪丹女士，作为一名研究生，利用课余时间，对自然环境及环境保护由认知到关心，从兴趣到热爱，进而参阅国外有关资料，钻研生态环境保护专题，参与写作，难能可贵。

本书的特色在于理论紧密联系实际，寓理论于实事案例，求表达于深入浅出，实事求是，不作空谈，说理透彻，通俗易懂。将中国环境保护重大事例的发生、发展和处理对策等融入书中，可以说是别样形式的有创新意义的生态环境保护“史鉴”；同时也是水资源与水环境保护的实用工作手册，又是生态环境保护科学研究难得的参考文献。再者，生态环境保护对全世界、全人类的生存、生活和发展的重要作用已深入人心，是人们普遍关注的重大问题，因此，本书又是进一步了解环境保护核心知识的读本。

本书内容丰富，涉及面广，有关生态环境保护问题的领域如森林、湿地、湖泊、江河（含裁弯、跨流域调水，以及附属建筑物如水利枢纽、水电站、堤坝等）、泥沙等的今昔存亡对气候及生态的影响，工业“三废”的排放及农业化学杀虫剂、化肥等的点面源污染对江河湖海水环境的危害，对水华、赤潮、酸雨、水土流失、泥石流等各种污染危害和生态破坏的分析研究、治理方略方法，国家对环境保护的方针政策、有关法规的制定和重点的阐述，水利工程环境保护监理制度创新与验收调查报告编制方法，国际先进经验、技术以及对水资源与水环境保护管理的新动向和前景展望等重要领域和课题都有系列专论。特别是结合中国国情的经验阐述，其主要精神升华结晶为“四方”——方向、方针、方略、方法，是本书特色的具体内容。

以上是我对本书的理解，可能线条粗浅，还请读者自行审阅品评吧！

明　娜

2009 年国庆节

前　言

水是生态和环境控制性的首要决定因素，是工业、农业和一切生产生活不可替代的生命之源，是经济社会发展无可替代的重要战略资源。因此，必须维护江、河、湖、海乃至地下水的清洁健康，维护它们的生态和环境优良，建立人与自然和谐共处的生态文明，倡导“天人合一”、“身土不二”的理想境界。

《水资源与水环境保护求实务新说》立足于人与自然和谐共处、共生共荣，阐述载舟覆舟的哲理，反省人类破坏生态、污染环境，遭到大自然无情报复的后果，并自觉领悟老子《道德经》统领全局的深远哲学思想，充分体会古代“道可道，非常道”之玄及当代以人为本的科学发展观之妙。

著述和阅读《水资源与水环境保护求实务新说》一书的过程是深入学习人类与自然如何和谐生存与发展的过程，也是巩固环境保护知识和加深维护生态平衡理念的过程，还是检阅人们如何从欣赏环境，到开发环境，到破坏环境，到污染环境，到保护环境，到修复环境，到建设环境，到和谐环境的心路历程，让我们更加了解自然，热爱自然，保护自然。

参与建设宏伟美好的生态文明人人有责。请大家静下心来畅快地浏览一下本书，感悟一下山水道，提高一下人意境，平和一下浮躁心，促进一下环保业，关注一下人世间，体会一下“和”理念。树立和培养人与自然和谐相处、人与社会协调发展的现代意识和人文精神，是很有必要和有意义的事。

本书的编撰和出版，得到了汪明娜、汪占冕、吴宝玉等同志一贯的帮助，特别是中山大学出版社编辑的精心编审，以及出版社各部门同志的诸多帮助。在此再次向一切关心、支持、帮助本书编辑和出版的同志们谨致衷心感谢！

本书脱稿于2009年，但由于付梓仓促，难免谬误瑕疵、挂一漏万，敬请亲爱的读者批评、指正。

谨将此书献给祖国60华诞及一切爱护自然、热爱生活的人们！

汪　达

2009年5月11日于湖北省丹江口市

第一编　环境水利实践与探索

第一章　新时代的环境水利思想

1.1　回顾治水史

人类的生存繁衍离不开水。距今约250万年前的旧石器时代初期，先人“逐水草而居”、“择丘陵而处”，过着原始的渔猎采集生活。距今约1万年至4千年前的新石器时代，随着人口的增多，生活技能的增强，生产能力的提高，逐步发展出现了畜牧业和农业，尔后防治水患、引水灌溉和利用水运等水利活动逐渐兴起。

止水防洪，备水防旱。中国自古以来就十分重视治水。《管子》中有：“善为国者，必先除其五害”，“除五害之说，以水为始”。管仲把治水与政治治乱并论，作为治国的大事。

在华夏几千年的时间里，水旱灾害和治水活动史不绝书。明代《农政全书》中称：“水利之在天下，犹人之血气然，一息之不通，则四体非复为有矣。”就是说，水利之于国家，犹如血脉之于人，血脉不通，人体功能丧失，人就不能活了。在清朝，康熙皇帝把三件事写在宫中的柱子上作为头等大事来抓。其中有两件事与水利有关。一是“河务”，即黄河的防洪问题；二是“漕运”，即通过运河进行南粮北调的问题。足见其对水利的重视程度及治水在当时国家政治生活中所处的地位。但中国自清代中期以来，人口数量激增，外侮日甚，而国力财力日衰，水利事业日渐废弛，水旱灾害则日益严重，并且同政治、经济、社会的动乱形成恶性循环。这便是晚清时期中国水利的惨状。

众所周知，在旧中国漫长的历史过程中，出现过无数次江河横溢、洪水为害、十室九空、饿殍遍野的悲惨景象；也出现了大禹式的不畏艰险、不怕牺牲、治水抗灾的英雄人物，才使得我们的民族不断地生息、繁衍、繁荣、发展。

1.2 近现代治水的困惑

现代人类在欢呼水利取得一个又一个成就的同时，也越来越感到一个又一个困惑。水利真的治理水害吗？水利是否会蜕变成另类水害呢？且看下述世界各国的一些反面事例：

20世纪50年代后，苏联在其境内的大河——伏尔加河、第聂伯河和叶尼塞河等河流上相继建了许多水电站，在平原地区形成了很大的水库。这些水库使周围地下水水位抬高，生态环境变化很大。进入21世纪，随着人们生态环境意识的提高，很多有识之士提议炸毁这些水电站，因有些水电站出现了一些意想不到的生态环境问题，如克拉斯诺亚尔斯克电站地处西伯利亚，当地本来冬天河面结冰，但自从建成水电站后，水库底层水温在零摄氏度以上，下游就不再结冰了，但空气温度低，水汽一上升，便形成一种很细的颗粒，导致大量居民出现感冒样的症状。伏尔加水电站还导致下游捕鱼量减少了80%，码头淤塞，以及水库四周的沼泽化和盐渍化。

埃及在尼罗河上建阿斯旺高坝（1968年竣工），截断水流，使尼罗河无径流汇入地中海，对尼罗河口产生了重大的生态环境影响。这在1972年联合国人类环境会议上遭到代表们的普遍谴责。

对于荷兰的三角洲围海造田工程，在利弊上、得失上及对环境的影响上，人们长期争论不休。

中国以往对水利工程建设“重工程、轻环境，重兴建、轻管理”，导致质量、环境等问题，并对社会经济发展造成严重制约。例如，葛洲坝水利枢纽工程初期，个别坝段基础砼浇筑因质量等问题曾停工整顿，炸掉重浇；清江隔河岩水利枢纽工程施工废水曾造成严重水污染纠纷。

黄河三门峡水电站建成几年后，20世纪60年代初水库淤积严重，不能发电，水库上游潼关河段河床抬高，库区两岸土地浸没，盐碱化、沼泽化面积增加，严重威胁关中平原和西安市。后虽经大力改造和改变运用方式，但仍难达到原设计要求，并没有能够全部恢复库容。这是新中国成立初期外国专家留给我们的教训。

永定河官厅水库建成蓄水后，因泥沙淤积，总库容已减少5亿m^3，库区周边发生浸没，使土地沼泽化，果树死亡，房屋倒塌。后经改变运用方式和做排水工程才得以解决。

浙江新安江水利工程投入运行后，由于运用失调，水位消落过度，1978年曾大大减少发电任务，以恢复正常水位，但又由于下泄水量大减，一时形成

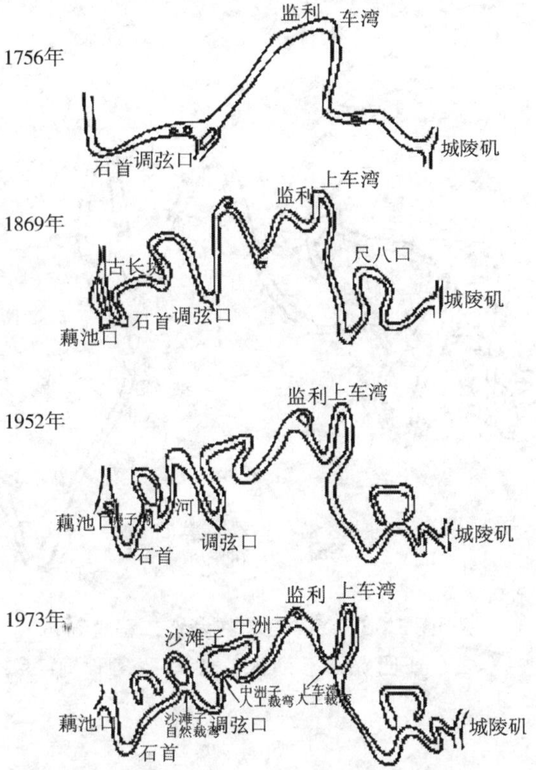

图 3-2　下荆江河道变迁

资料来源：见长江水利委员会长江科学院，长江志·中下游河道整治，北京：中国大百科全书出版社，2000 年。

3.3　长江河道整治的裁弯工程

回顾中国数千年水利史，历朝历代对长江河道只进行过堤防修筑和少量小规模的护岸工程。半个世纪以来，水利部长江水利委员会在长江中下游实施了荆江分洪工程（1952 年）以及众多大规模的护岸、堵汊、裁弯及河势控制工程，特别是裁弯工程，对防洪、护堤、护控河势等效果显著。为缓解荆江防洪的巨大压力，保障安全，进行了系统的勘测、规划、设计和研究工作，根据河势提出应变规划的两种预案：南线（“x-1”）和北线（“x-2”），见图3-3。优选原则：①河道宜远离可危的荆江大堤，以减弱崩岸对堤身的威胁；②江岸土质抗冲性能要强。根据优选原则最终选定南线。已完成的下荆江裁弯工程按时间顺序有：

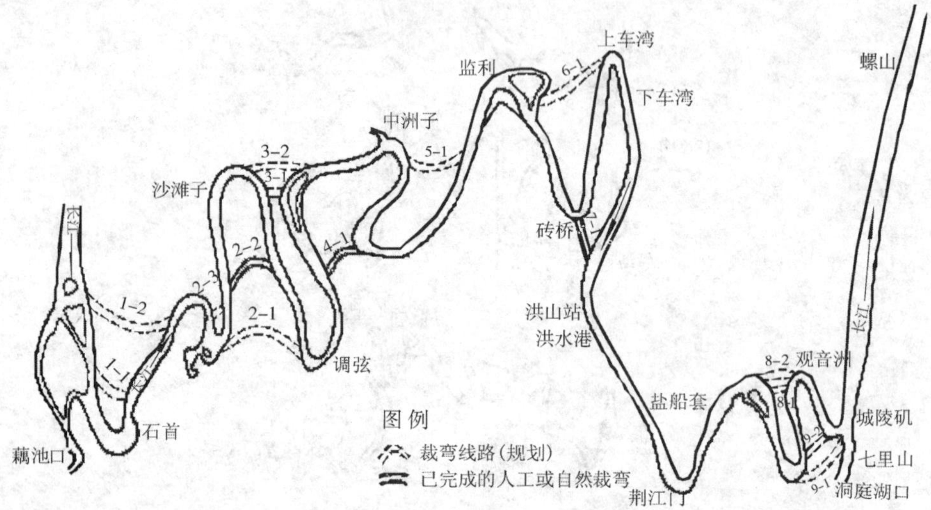

图3－3　下荆江系统裁弯工程规划

资料来源：见卢金友，汪明娜，下荆江人工裁弯工程30年，武汉：长江志季刊，2003年，第1期。

（1）中洲子河湾，见图3－3（“4－1”）。位于调弦河湾下游约5km处，于1966年10月开工，1967年5月完成顺自然裁弯。

（2）上车湾河湾，见图3－3（“7－1”）。位于洞庭湖出口城陵矶上游约50km处，于1968年12月开工，1969年1月顺自然裁弯竣工。

（3）沙滩子河湾，见图3－3（“2－2”）。位于洞庭湖出口城陵矶上游约37km处，追溯到1949年，其上游的碾子湾河湾纯自然裁弯引起本河湾的河势剧烈变化，直到1970年汛后已达严重阶段，1972年7月19日狭颈被水流冲开而成纯自然裁弯。

若按裁弯的上下游位置顺序则是：沙滩子（1972年）、中洲子（1966年）、上车湾（1968年）。

下荆江裁弯工程实施已近50年，3处裁弯后，航道（河长）缩短78km（约占下荆江江段原长的31.5%），河道曲率由2.79变为1.93，水面比降加大，泄洪能力加大；裁去浅滩4处，工程效益及航运效益显著。

3.4 裁弯后下荆江河道的变化

环境水利学以研究并促进水利工程发挥改善环境的作用为目的，谋求生态平衡，即生态系统在一定时期内结构和功能相对稳定状态的平衡。当受外来干扰时，能使生态系统通过自身调节恢复到原先的健康稳定状态或建立新的平衡。历史证明下荆江裁弯工程已达该目标。下面根据裁弯前后实测资料进行分析。

3.4.1 泄洪水情发生变化

（1）水位变化：选择典型年份的实测水文资料，制作各水文站的水位—流量关系曲线（H-Q/Fβ），可得表3－1所示的分析数据。表明：在同一条件下，①裁弯后，裁弯段及其上游各站的水位均明显下降，枯水期降低值大，高水期降低值小。②20世纪80年代以后水位下降幅度小，且受长江葛洲坝水库影响，枯水位渐趋稳定。

表3－1 荆江裁弯段上游水文站水位变化

年份 / 水情 / 沙情 / 站名	裁弯前			裁弯期			裁弯后					
年份	1961	1963	1964	1968	1970	1971	1974	1975	1978	1982	1983	1986
水情	枯	中	大	大	中	枯	大	中	枯	中	大	枯
沙情	少	中	大	大	中	少	大	中	少	中	大	少
沙　市	34.5	34.7	34.7	34.3	34.2	34.0	33.5	33.4	33.1	33.0	32.9	32.7
郝　穴	32.4	32.4	32.5	31.9	31.6	31.5	31.0	30.9	30.6	30.5	30.4	30.3
新　厂	31.1	31.0	31.0	30.8	30.7	30.4	29.8	29.7	29.1	29.1	29.1	29.1
石　首	30.2	30.1	30.1	29.1	29.0	28.7	28.0	28.0	28.0	27.5	27.7	27.9

注：①高程为吴淞冻结基面。单位：m；②制表条件：新厂站流量4990m^3/s，城陵矶站水位20.22m。

资料来源：见潘庆燊，长江中下游河道近50年变迁研究，武汉：长江科学院院报，2001年，第5期。

裁弯段下游各水文站水位则存在不同变化：①洪山（接近于 3 个裁弯段下游，当七里山水文站水位低于 27m 时）水位自 1969 年开始下降，1971—1972 年达到最低。②监利（同流量时）水位下降 0.15 ～ 0.35m，1973 年以后水位回升至裁弯前水平。当七里山水位为 27 ～ 28m 时，同流量下水位无单向降低或抬高。

（2）流量变化：①荆江江段泄洪能力增大，如沙市泄洪能力约增加 4000m^3/s；②当流量达到 50000 ～ 60000m^3/s 时，相应水位降低 0.3 ～ 0.5m；③当沙市裁弯前流量为 48700m^3/s，相应水位为 45m，城陵矶水位为 34.4m 时，裁弯后沙市水位降低 0.5m，相应扩大流量 4500m^3/s；石首水位降低 1.06m，相应扩大流量 11700m^3/s。平均流量对比：监利 1988—1996 年 12200m^3/s（1956—1966 年为 10100m^3/s），增大了 20.8%。

3.4.2 江与湖分流分沙比的变化

裁弯段及其上游江段的比降对裁弯的反应灵敏，比降加大，流量及沙量相应增大，而洞庭湖三口（松滋、太平、藕池，1959 年调弦口封堵）的分流、分沙比显著递减。如分流比（占枝城水文站以上流量的百分比）由裁弯前（1955—1966 年）的 29.8% 减为裁弯后（1981—1995 年）的 15.7%，其中以藕口衰减（由 14.4% 减为 4.2%）最为显著。而分沙比则对应上述为：由 35.2% 减为 19.0%，也以藕池口衰减（由 21.3% 减为 6.66%）最多。由于裁弯后上游水位下降，其递减率明显加大。与此相应，在枝城来水来沙量相同条件下，荆江过流和输沙量则逐年递增，如监利 1988—1996 年的年输沙量增加 6.7%。而洞庭湖年淤积量由裁弯前的 16868 万 t 减少到（1989—1995 年）6783 万 t，平均每年减少 1 亿 t，裁弯后 29 年里（1967—1995 年），洞庭湖少淤约 13 亿 m^3。

3.4.3 河床冲淤变化

在沙市、郝穴及监利河湾凹岸实施护岸工程的配合下引起的河床冲淤调整，历经 20 多年，特点如下：

（1）裁弯工程的上游冲刷。河床发生自下而上的溯源冲刷。据勘测，宜昌流量 50000m^3/s 时，裁弯后 1966—1980 年荆江江段共冲刷 7.146 亿 m^3，占 1966—1991 年总冲刷量的 86%，其中上荆江占 2.098 亿 m^3，下荆江占 5.048 亿 m^3，1980 年以后冲淤幅度大为减小；冲刷强度以紧临裁弯工程上游的石首江段和监利江段最大，向上游减弱。河床的这种调整过程已基本完成。

（2）裁弯段下游冲淤交替发生。河道同一断面无单向冲或淤，但河势有所调整。新河冲刷发展阶段，由于过水面积从相当于老河面积的1/30～1/17逐步缓慢扩大，新河下游河道未见淤积抬高；新河发展过程中其上下游河道比降相应调整，由于裁弯段上游同流量的水位降低，三口分流入洞庭湖的流量减少，下荆江流量增大，故新河下游河道过水断面还有所扩大；同一断面左冲右淤或者相反，1998年与1954年相差不大。下荆江裁弯及葛洲坝建成后，螺山以下江段先淤积，这是由于裁弯初期，过水断面继续扩大，泥沙大量下泄之故。至1998年，螺山段已接近裁弯前水平。因此，裁弯段下游冲淤基本平衡。

3.4.4 河势及险工段的变化

裁弯和葛洲坝工程运行后，荆江河道演变仍循自然状态规律，但局部河势仍有一定的变化。出现新、老险工段水流顶冲点位移的，主要有如下河段：中洲子裁弯新河和下游鹅公凸，上车湾裁弯新河和下游天星阁及洪水港一带，沙滩子裁弯新河及张智垸、流河口至调关一带。裁弯后相应减少护岸长度约50km。

裁弯后上游江段比降和流速增大，河床普遍发生了不同程度的纵向冲刷，由于冲刷位置的差异以及各年对护岸工程进行的加固维修，这些变化对荆江大堤护岸工程的稳定与安全没有大的影响。从表3－2、表3－3可以看出，裁弯后荆江大堤各重点险工：①冲刷坑深度并未明显加大；②冲刷坑刷深点平均岸距无明显减少；③水下坡比反而变缓（沙市1951年1∶0.95，1963年1∶2.0，1983年1∶3.9，1998年1∶4.1；郝穴1963年1∶2.0，1983年1∶1.29，1998年1∶3.8）。

经过近50年的考验，河道调整总体上已趋于新的平衡。

表3－2 冲刷坑最深点高程特征值（高程为黄海基面） 单位：m

时间 \ 地点		沙市		祁冲	郝穴			监利
		观音矶	刘大巷	冲和观	龙二渊	铁牛上矶	铁牛下矶	城南一矶
1956—1966年（裁弯前）	平均	3.25	6.85	－2.60	5.77	－3.00	－5.57	－12.4
	最低	－2.0	－1.0	－8.0	1.4	－8.0	－7.3	－18.6
1967—1972年（裁弯期）	平均	5.15	9.97	2.50	2.15	－3.10	－4.33	－14.80
	最低	4.0	9.7	－0.2	0.1	－6.0	－6.0	－19.9

（续上表）

时间＼地点		沙市		祁冲	郝穴			监利
		观音矶	刘大巷	冲和观	龙二渊	铁牛上矶	铁牛下矶	城南一矶
1973—1980 年（裁弯后）	平均	5.36	12.20	-0.71	-3.10	-6.50	-4.90	-11.5
	最低	3.5	9.4	-4.1	-8.0	-8.2	-6.6	-19.1
1981—1992 年（裁弯后）	平均	3.96	7.60	-0.13	-4.06	-4.14	-3.55	-13.30
	最低	2.0	5.1	-3.3	-6.8	-7.8	-7.8	-20.3

资料来源：见卢金友，汪明娜，下荆江人工裁弯工程 30 年，武汉：长江志季刊，2003 年，第 1 期。

表 3-3　冲刷坑最深点平均岸距统计　　单位：m

时期＼地点		沙市观音矶	沙市刘大巷	祁冲冲和观	郝穴龙二渊	郝穴铁牛上矶	郝穴铁牛下矶
裁弯前	汛前	153	79	102	109	81	106
	汛中	163	83	108	97	108	140
	汛后	156	82	115	107	85	127
裁弯后	汛前	113	79	113	128	94	150
	汛中	125	111	116	148	121	158
	汛后	121	96	114	137	105	160

资料来源：见卢金友，汪明娜，下荆江人工裁弯工程 30 年，武汉：长江志季刊，2003 年，第 1 期。

3.4.5　变化带来的利益体现了环境水利的目标要求

综上分析，水和沙是河流的基本要素。下荆江裁弯后，不论是水位、流量、冲淤、河势以及江湖分流分沙比等的变化，都对洪水顺畅快速宣泄、荆江防洪减轻压力、洞庭湖减淤、长江提高航运能力，以及珍稀动物（麋鹿、白鳍豚、江豚等）保护区的建立等显示出直接的、间接的、当前的或长远的巨大利益。河道多种变化的综合效应显示出其生态系统已经恢复稳定，经过其自身调整，已建立起新的平衡，这是符合环境水利的宗旨和要求的。

3.5 河道裁弯，顺应自然

荆江河道是在冲积平原上水、沙与河道边界条件相互影响而发育形成的，是河流动力运动的结果，是在自然或人类活动等诸多因素的综合作用下产生的。河道变迁是正常的自然演化或自身修复现象。河道自然裁弯是没得商量的。问题是治河方略应该顺应水沙运动的自然规律，顺应河床演变机理，亦即顺应河流原有的、历史性的自然特征，利用其自身调整和修复的功能，“因势利导”，遵循人与水协调共处、人与自然和谐共存的科学发展观，树立环境水利的生态环境科学观点。简言之，水利建设必须适应水沙的自然状态以利用水资源和改善水环境，“适应”与“改善”相结合以实现水与经济、社会和环境的可持续发展。如果反其道而行之或者采取任其自流的态度则将留下后遗症，对经济社会带来不利后果。以1949年下荆江碾子湾河湾及1972年沙滩子河湾这两次纯自然裁弯的经验教训来说，前者纯自然裁弯以后，引起紧邻下游河势剧烈变化，特别是沙滩子河湾狭颈西侧发生剧烈崩塌，1970年狭颈仅宽1.3km，已成明显的纯自然裁弯趋势。长江科学院提出裁弯工程规划报告上报上级水电部门，然而直到1972年汛前，仍无裁决指令下达。当年汛期纯自然裁弯形成，导致冲开形成的新河出口与下游河势衔接极不顺畅，偏离原先规划设计以北约2km，带来不安定因素，造成极其被动的局面。事后采取补救性措施，从1972年10月到1975年10月共计完成护岸工程23.2km、石料数十万立方米，耗资巨大。

天然河道疏于维护和整治，一旦形成自然裁弯之势，而要强行阻止，那便是前述“迫自然裁弯”的反面。这是一种死守的违反自然规律的行为，同样后果堪虞。盲进与死守都违背了实事求是的科学精神。

3.6 展望

为解决中国能源、生态环境和水资源问题，进一步治理和开发河流是必然的。水资源的流域开发与治理是生态环境水利的重点课题之一。当前，中国各大河流仍面临洪水、水土流失、湿地消亡及污染的威胁。长江河道整治是流域治理的第一步——洪水疏导，消除水灾。今后开发、保护、深化治理之路还很长。

下荆江裁弯是根据其本身历史性自然特征而进行的工程，是实施“江湖两利”（周恩来总理为荆江分洪工程的题词）整治工程的措施之一。50年来，经受了包括1998年特大洪水在内的多次考验。裁弯效益已达到设计要求，发挥了水利工程的优势，保护和改善了环境，完全符合生态环境水利的宗旨。裁弯扩大了下荆江洪水泄量，降低了荆江自沙市以下沿程的洪水水位。比照1954年大水，超过沙市分洪水位（44.49m，1980年又由44.67m提高到45.0m）的年份有1981年、1983年、1998年、1999年、2002年等5年，如果没有下荆江裁弯，则荆江分洪区须分洪至少5次。裁弯还减少了进入洞庭湖的泥沙，延缓其淤积的趋势，从而缩短并改善了航道。今后有上游三峡水库调度配合，则更能显示其优越效能。

纯自然裁弯后患不小，上述历史教训深刻。而下荆江两处顺自然裁弯则显见成功，是符合现代观念的可持续发展水利的重要组成部分——环境水利要求的。

2005年“长江论坛”的《长江宣言》明确指出：当前维护健康长江的首要任务是确保“三个安全”，即：①保障人民饮水安全；②保障防洪安全；③保障关键区域的生态安全。这是一项极其艰巨的长期任务。

第四章　长江汉口边滩防洪及环境综合治理

4.1　概述

4.1.1　长江武汉江段汉口边滩现状

长江武汉江段汉口边滩，位于长江左岸武汉市区交通网络、商业核心地段，混凝土防洪墙之外，汉口水文站武汉关水尺以下约650m处。从武汉客运港（下），往下游延伸至府环河口，全长约9.4km，参见图4－1。边滩高程20～24m（高程为黄海基面；水位为冻结吴淞基面，换算关系：黄海高程＝吴淞高程－2.09m），即大都在设防水位25.00m以下。边滩宽度介于200～500m之间，平均宽约300m，面积约$3.0km^2$。

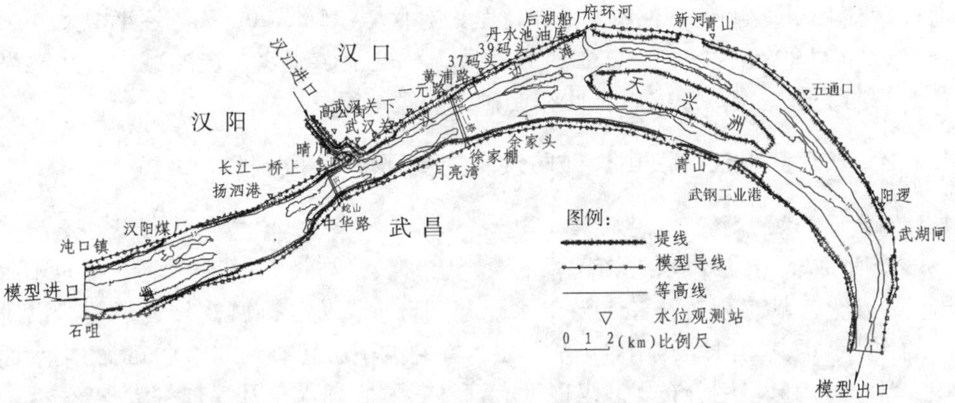

图4－1　武汉江段模型平面布置示意图

资料来源：见汪明娜，汪达，论江城防洪及环境综合治理，南京：水资源保护，2003年，第2期。

汉口边滩经多年历史演变，原属不受管束的自由滩涂。各种厂房、楼屋、堆场及码头等建筑物密布于上游2.0km（即武汉客运港至一元路）段内，并有公园一处。中部1.5km（即一元路至长江二桥）段内，有部分草地、菜地及运动场，下部3.5km（即长江二桥至后湖船厂）段内，有部分沙滩及小游乐园，其余为防浪林带及洼地。各种建筑物杂乱无序，既影响汛期河道行洪，又严重损害环境景观，而且污物污水任意排放，造成水环境污染。

4.1.2 长江武汉江段汉口边滩演变

汉口边滩在最早（1858—1880 年）的地形图中已有其雏形。近 50 年来其最大面积为 7.6km^2（1981 年），最小面积为 1.0km^2（1954 年）。

边滩的年内变化：①滩首枯季淤积，汛初冲刷，汛期淤长，汛末冲刷；②滩首滩尾冲刷，则滩中淤积；③滩首滩尾淤积，则滩中冲刷；④滩首枯季和汛期淤积是受汉江来沙和汉阳边滩冲刷的影响。

边滩的年际变化有明显的阶段性，其阶段性变化并非单向淤积，而是冲淤交替的。其多年变化为累计性的淤长。这主要与两江的来水来沙有密切关系。

概括而言，边滩 6.0m 高程的多年变化规律为：小水年过后淤长，大水年过后缩小。这是由于小水年其上游的汉阳边滩有较大淤长，次年汛期则下移补给汉口边滩。而大水年的情况则相反。至于 10m 以上高程的冲淤变化与上述基本一致。但高程愈高，变化幅度则愈小。

1981—1998 年，汉口边滩的变化有：武汉关至长江二桥，边滩各级高程逐年增长；长江二桥至丹水池油库，低级高程变化不大，15m、20m 高程逐年增大。

20 世纪 90 年代初，长江二桥兴建后，桥的上游壅水，流速减小，边滩淤宽。桥的下游一定范围内由于回流淘刷，滩宽缩窄。

4.1.3 长江武汉江段汉口边滩防洪及主要环境问题分析

4.1.3.1 防洪问题

众所周知，长江洪水，峰高、量大、历时长，与长江河道安全泄量的矛盾十分突出。三峡工程对长江上游洪水能起到合理调度、削减洪峰、延缓泄洪时间的作用，但其防洪库容相对仍显不足，在它的下游还有约 80 万 km^2 的集水面积，其中暴雨区集中分布。武汉以上有清江、洞庭湖水系及汉江等大支流入汇，洪水量仍大，组成复杂。长江流域局部地区包括武汉市的防洪形势仍较严峻。

武汉三镇地处两江交汇处，地势低洼，高程 20 ~ 24m，低于多年平均洪水位 25.5m，全靠堤防保安全。但现有堤防仅能防御 20 ~ 30 年一遇的洪水，要防御 1954 年那样的洪水（29.73m），须采取分洪措施，分蓄洪量约 68 亿 m^3，即要在武汉市附近开辟多个分蓄洪区。

长江武汉江段江面宽窄相间，洲滩发育，河段单一但分汊参差，河床形态阻力大，水面比降多变，流势不畅，过流能力受到约束。

汉口边滩上大小建筑物密布，严重阻碍河道行洪，致使高洪水位有所抬高。

上述各项都是影响武汉市防洪的不利因素，是必须重点研究并要解决的防洪问题。

4.1.3.2　环境问题

汉口边滩的累计淤高增大，使汉口港口码头使用不便，水厂取水口设施运行困难，对武汉市工商业的投资环境和社会可持续发展的影响很大。

边滩23.0m高程以上滩地上有码头10多座，中小企业70多家，建筑面积10万m^2，此外涉及政府行政事业、国有和集体企业单位40多家，公园、堆场、游乐场等，总建筑面积达16万m^2。如此密集的建筑群，汛期阻碍行洪，外型结构均很简陋，杂乱无序，污水横流，污物堆积，污染严重，破坏水环境，影响卫生，又严重影响景观，有损市容。

城市江段排污口分布密集，污染影响相互叠加，而岸边水域相对较小、流速较低，水体稀释扩散能力有限，接纳入江污水后，常形成岸边污染带。

为了保护环境、创造良好的水环境，对汉口边滩进行综合治理工程是十分必要和十分迫切的。

4.2　治理方案

4.2.1　基本要求

武汉市是国务院批准的防洪重点城市之一。长江武汉江段是国务院批准的长江中下游14个重点治理江段之一。有关治理规划方案中提到："近期，……整治汉口边滩，……加紧对白沙洲汊道和汉口边滩治理方案的研究和实施……"规划报告确定的治理任务是："稳定岸线，保证河道泄洪通畅，充分发挥长江水运与供水优势，更加经济合理地开发利用本江段水土资源，使武汉市的发展摆脱河流摆动的约束。"

4.2.2　工程措施

综合治理工程以防洪及沿江环境景观为主，兼顾航运、岸线利用、城市交通、血吸虫防治等。主要工程项目有：边滩清障（铲除所有影响行洪的建筑物）、河道疏浚、边滩吹填、岸线守护、环境景观建设等。

整治长度的拟定：武汉客运港下至后湖船厂（丹水池），长度为7007m。

整治宽度的拟定：以汉口江岸区一元路处的整治宽度计，分为120m、160m、190m三组。

整治高程的拟定：拟定边滩高程为26.19m（=28.28m吴淞冻结，1931年实测最高洪水位）和26.71m（=28.80m吴淞冻结，相当于10～15年一遇洪水水位）。

河道疏浚区域的确定：为保证治理后河道过流断面形态更有利于提高过流能力，以及进一步改善航道及港口码头水域条件等，对近边滩区域的河道进行必要的疏浚。

4.2.3 拟解决的主要环境问题

武汉市是湖北省政治、经济、文化中心，素有“江城”之美称，是我国中部地区特大工商业城市，水、陆、空交通枢纽所在的“九省通衢”之地，地位重要。汉口边滩的环境恶劣已如上述。城市废污水量每年7.87亿t（1999年），都由沿江岸边大小排污口就近任意向长江排放，简直是把长江当作了排污沟。这一问题是这次综合治理工程所要解决的问题之一。

武汉市多年平均降水量为1205mm，降水集中于每年的4～9月，汛期防洪任务很重，压力很大，故改善防洪环境是综合治理的重点任务之一。

武汉市是血吸虫病老疫区。据调查，1999年市辖区仍有钉螺面积207450亩，血吸虫病人5700多人。故血吸虫病的防范也是要解决的。

为了体现武汉城市风貌，促进城市核心滨水区的中心功能，改善城市形象，实现城市与江水、环境与景物、现实与理想的结合，塑造富有地方特色的滨水空间和居民喜爱的活动场所，必须对汉口边滩实施防洪和环境的综合治理，铲除边滩上所有建筑物，进行一次彻底的改造，也就是要解决环境严重污染的现状。下面拟结合该地区的历史特点，设计以环境旅游、观光、休闲、运动及娱乐为主要功能的绿色滨江公园，为市民营造观赏游乐的优美环境。

4.3 边滩治理模型试验研究

4.3.1 模型设计

为了保证模型与原型的水流泥沙运动相似，通过模型试验研究弄清治理工程实施前后，长江武汉江段上、下游水文条件及河势可能发生的变化。确定模型模拟范围：长江干流上起汉阳沌口，下至汉口阳逻，全长约47.8km；汉江从江汉一桥上500m至入汇口，长约1.56km。见图4－1。模型为几何变态，平面和垂直比尺分别为450、120，变率为3.75。模型同时模拟悬移质中床沙质运动相似，采用木屑作为模型沙。通过验证试验确定模型床沙质粒经比尺为0.30，含沙量比尺为0.44，单宽输沙率比尺为532，冲淤时间比尺为650。

4.3.2 治理方案试验

（1）方案1～5：整治宽度有120m、160m、190m三种（一元路），长度7007m（武汉客运港下至后湖船厂），高程为28.28m和28.80m（冻结吴淞基面，以下同）。试验边界条件：工程段内均进行了疏浚，疏浚深3.6m。不同方案以不同宽度与两种高程组合。经过优化比选，重点研究了其中的1、3及4方案。平面布置参见图4－2。

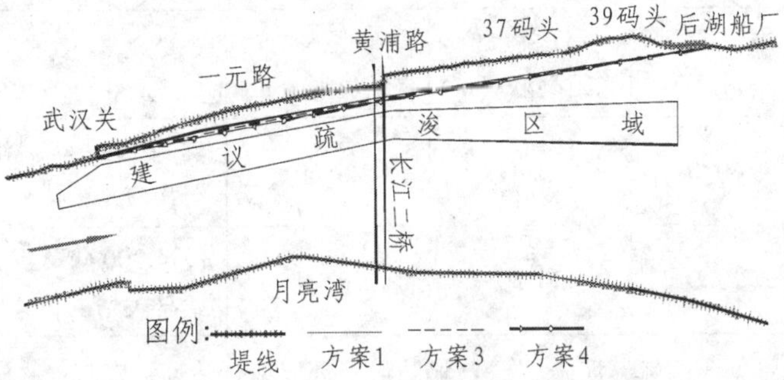

图4－2 整治线平面布置示意图（1）

资料来源：见汪明娜，汪达，论江城防洪及环境综合治理，南京：水资源保护，2003年，第2期。

（2）方案6～8：整治宽度有120m、150m及190m（一元路），长度7007m（武汉客运港下至后湖船厂），高程为29.00m和28.28m。试验边界条件：工程段内不进行疏浚；一元路以上按不过流考虑，一元路以下按40%阻水；规划方案为滩地上不设阻水建筑物。不同方案以不同宽度与两种高程组合。平面布置参见图4－3。

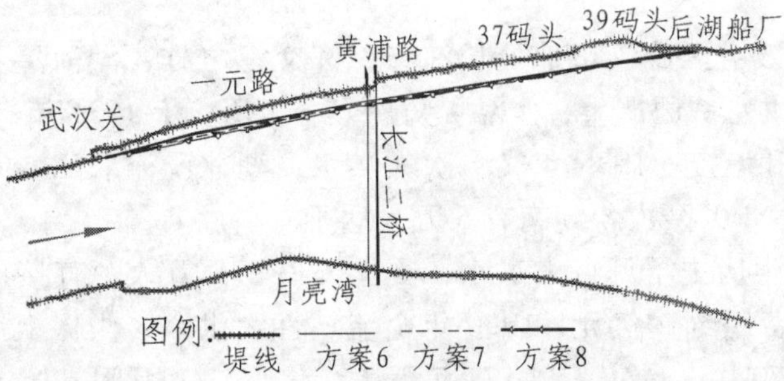

图4－3 整治线平面布置示意图（2）

资料来源：见汪明娜，汪达，论江城防洪及环境综合治理，南京：水资源保护，2003年，第2期。

4.3.3 试验水文条件

根据研究内容和要求，选择1998年最大流量71100m^3/s及相应水位29.41m和计算的现状计划分洪情况下，300年一遇洪水流量84000m^3/s与相应水位30.50m两种水文条件（见表4－1），进行定床模型试验。

表4－1 定床模型试验水文条件

武汉关流量（m^3/s）	汉江流量（m^3/s）	武汉关水位冻结吴淞（m）	阳逻水位冻结吴淞（m）	备 注
71100	6070	29.41	28.69	实测1998年大洪水最大流量与相应水位
84000	2000	30.50	30.04	设计300年一遇，计划分洪时武汉关情况

资料来源：见汪明娜，汪达，论江城防洪及环境综合治理，南京：水资源保护，2003年，第2期。

根据武汉关实测资料，选择偏于安全的典型淤积组合系列水文过程，即1957年型（中水中沙年）＋1984年型（中水丰沙年）＋1998年型（大水丰沙年）＋1979年型（小水中沙年），作动床试验，来研究江滩治理后的河势、河床冲淤变化及疏浚区域的回淤问题。

4.4 环境综合治理的预期效果

（1）防洪效益。武汉市地处长江与汉江交汇之处，湖河星罗棋布，地势低洼，历来受洪水威胁严重，全靠堤防保安全。历史上1931年有3.26万人死于洪水、饥饿和瘟疫。1935年又一次大洪水，湖北受淹农田640万亩，受灾370万人，死亡8万余人，湖南有6万人遇难。

1954年发生历史罕见特大洪水，受灾人口8.5万人，直接用于抢险救灾及分洪赔偿的费用约2亿元。1998年全流域性大洪水，为保卫武汉市，周围民垸扒口溃决70个，受灾人口177.7万人，倒房约1万间，16.6万人被洪水围困，受灾农田223万亩，受灾企业2110家，直接经济损失达41.3亿元。由此可见，本综合治理工程铲除了行洪障碍，顺直了岸线，改善了水流条件，减轻了防洪压力，其防洪经济效益是巨大的。

（2）环境效益。综合治理设置沿江步行绿化带，面积约 17 万 m^2，对缓解沿江城区严重缺乏公共绿地和休闲活动空间的现状，改善市民生存环境，提高生活质量，对实现社会、经济、环境可持续发展目标，将起到不可替代的作用。

水环境的改善，绿地园林的建设，为 21 世纪武汉市现代化国际大都市的新发展定位，树立了良好的城市形象，提供了优美的环境旅游景点。

（3）社会经济效益。城市防洪能力的提高，为市民生命财产安全和市区黄金地段提供了有力保障，大幅度提高了土地资源的经济价值。

（4）促进城市供水和排污统一规划安排。改善了饮用水自来水厂的取水口的水源水质。

沿江边滩岸边吹填护坡以后，阻断了原有无数犬牙交错的大小排污口。排污口必须统一安排设计，集中收集污水，经城市污水处理厂处理达标之后，中水回用或排放。

（5）提供市民水上游乐场。综合治理工程完成之后，形成了更大的天然泳场。长江武汉江段，是毛泽东、邓小平等党和国家领导人多次畅游之处，也是老一代国家领导人所倡导的到大江大河天然游泳场去锻炼的最佳场所。

（6）其他效益。对武汉城市交通、血吸虫病的预防等方面也产生了积极影响。

4.5　展望

（1）根据定床和动床试验成果，方案 3（整治长度 7.0km，一元路处宽度 160m，高程 28.80m，工程段内疏浚）的综合效益较好，故作为推荐方案。但疏浚区域会发生回淤，一般水文年回淤量约为 20%，故须采取疏浚措施加以常规维护，以保证工程整治的防洪效益。

（2）长江武汉江段汉口边滩治理工程方案确定为以防洪及环境景观为主，兼顾航运、岸线利用、城市交通、城市建设规划及血吸虫病防治等。边滩清障，铲除各种建筑物，而设计建设以旅游、休闲、运动及娱乐为主的绿色滨江公园。工程完成之后，其环境效益、防洪效益、社会效益及经济效益都将是很大的。这将是长江干流滨江城市河道整治的先声，是城市规划建设的新世纪可持续发展的壮举，毋庸置疑，它的成功，效益很高，意义重大，影响深远。

（3）近年来，随着长江流域人口和社会经济的迅猛增长，人们一方面无节制地开发利用所有自然资源；另一方面又任意排放大量污水污物，以致长江流域生态系统遭破坏，环境恶化。长江武汉江段汉口边滩现状就是一例。禁污治污，环境保护，刻不容缓。

（4）人类与自然和谐统一，这是新世纪可持续发展的目标和世界发展的趋势。因此，人类的活动应当与河流相协调。环境是可持续发展的根本保障。我国可持续发展应建立在资源的可持续利用和良好的生态环境基础上。保护水资源、保护生态环境是世界各国可持续发展的必由之路。汉口边滩防洪及环境综合治理是符合上述精神的。

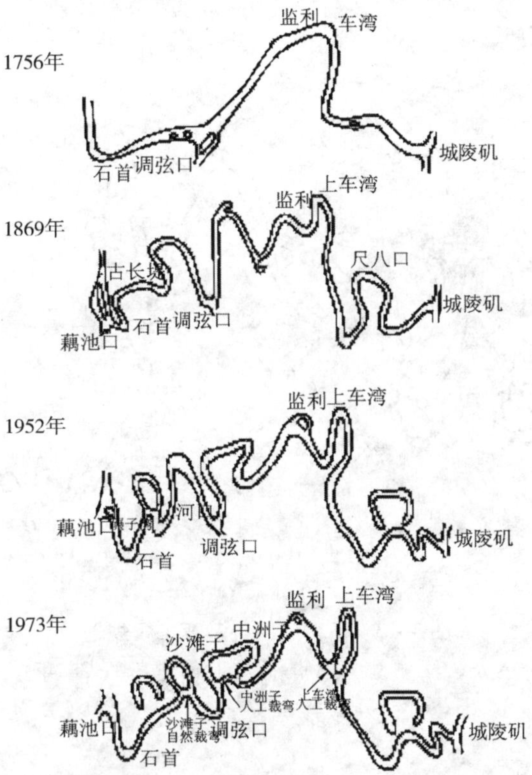

图 3－2　下荆江河道变迁

资料来源：见长江水利委员会长江科学院，长江志·中下游河道整治，北京：中国大百科全书出版社，2000 年。

3.3　长江河道整治的裁弯工程

回顾中国数千年水利史，历朝历代对长江河道只进行过堤防修筑和少量小规模的护岸工程。半个世纪以来，水利部长江水利委员会在长江中下游实施了荆江分洪工程（1952 年）以及众多大规模的护岸、堵汊、裁弯及河势控制工程，特别是裁弯工程，对防洪、护堤、护控河势等效果显著。为缓解荆江防洪的巨大压力，保障安全，进行了系统的勘测、规划、设计和研究工作，根据河势提出应变规划的两种预案：南线（“x－1”）和北线（“x－2”），见图 3－3。优选原则：①河道宜远离可危的荆江大堤，以减弱崩岸对堤身的威胁；②江岸土质抗冲性能要强。根据优选原则最终选定南线。已完成的下荆江裁弯工程按

第四章　长江汉口边滩防洪及环境综合治理

4.1　概述

4.1.1　长江武汉江段汉口边滩现状

长江武汉江段汉口边滩，位于长江左岸武汉市区交通网络、商业核心地段，混凝土防洪墙之外，汉口水文站武汉关水尺以下约650m处。从武汉客运港（下），往下游延伸至府环河口，全长约9.4km，参见图4-1。边滩高程20～24m（高程为黄海基面；水位为冻结吴淞基面，换算关系：黄海高程=吴淞高程-2.09m），即大都在设防水位25.00m以下。边滩宽度介于200～500m之间，平均宽约300m，面积约3.0km²。

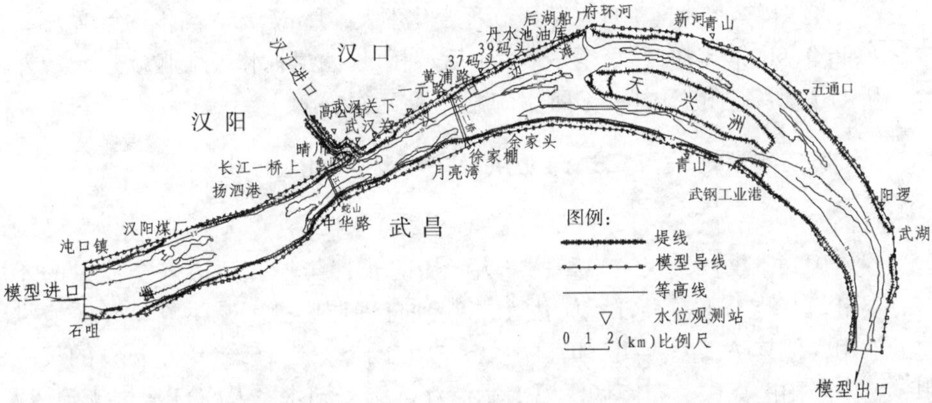

图4-1　武汉江段模型平面布置示意图

资料来源：见汪明娜，汪达，论江城防洪及环境综合治理，南京：水资源保护，2003年，第2期。

汉口边滩经多年历史演变，原属不受管束的自由滩涂。各种厂房、楼屋、堆场及码头等建筑物密布于上游2.0km（即武汉客运港至一元路）段内，并有公园一处。中部1.5km（即一元路至长江二桥）段内，有部分草地、菜地及运动场，下部3.5km（即长江二桥至后湖船厂）段内，有部分沙滩及小游乐园，其余为防浪林带及洼地。各种建筑物杂乱无序，既影响汛期河道行洪，又严重

4.3.3 试验水文条件

根据研究内容和要求，选择 1998 年最大流量 71100m^3/s 及相应水位 29.41m 和计算的现状计划分洪情况下，300 年一遇洪水流量 84000m^3/s 与相应水位 30.50m 两种水文条件（见表 4-1），进行定床模型试验。

表 4-1　定床模型试验水文条件

武汉关流量（m^3/s）	汉江流量（m^3/s）	武汉关水位冻结吴淞（m）	阳逻水位冻结吴淞（m）	备　注
71100	6070	29.41	28.69	实测 1998 年大洪水最大流量与相应水位
84000	2000	30.50	30.04	设计 300 年一遇，计划分洪时武汉关情况

资料来源：见汪明娜，汪达，论江城防洪及环境综合治理，南京：水资源保护，2003 年，第 2 期。

根据武汉关实测资料，选择偏于安全的典型淤积组合系列水文过程，即 1957 年型（中水中沙年）+1984 年型（中水丰沙年）+1998 年型（大水丰沙年）+1979 年型（小水中沙年），作动床试验，来研究江滩治理后的河势、河床冲淤变化及疏浚区域的回淤问题。

4.4 环境综合治理的预期效果

（1）防洪效益。武汉市地处长江与汉江交汇之处，湖河星罗棋布，地势低洼，历来受洪水威胁严重，全靠堤防保安全。历史上 1931 年有 3.26 万人死于洪水、饥饿和瘟疫。1935 年又一次大洪水，湖北受淹农田 640 万亩，受灾 370 万人，死亡 8 万余人，湖南有 6 万人遇难。

1954 年发生历史罕见特大洪水，受灾人口 8.5 万人，直接用于抢险救灾及分洪赔偿的费用约 2 亿元。1998 年全流域性大洪水，为保卫武汉市，周围民垸扒口溃决 70 个，受灾人口 177.7 万人，倒房约 1 万间，16.6 万人被洪水围困，受灾农田 223 万亩，受灾企业 2110 家，直接经济损失达 41.3 亿元。由此可见，本综合治理工程铲除了行洪障碍，顺直了岸线，改善了水流条件，减轻了防洪压力，其防洪经济效益是巨大的。

第五章 运用水生态修复的重要功能建设生态型河道

5.1 建设生态文明

我国在经历了重大、深刻且全面的社会改革开放之后，环境保护事业伴随着经济、社会的发展凸显出越来越重要的地位。特别是中国共产党十七大首次将社会主义生态文明建设提高到与经济建设、政治建设、文化建设同等重要的地位。大会报告提出“建设生态文明，基本形成节约能源资源和保护生态环境的产业结构、增长方式、消费模式”。生态文明以人与自然、人与社会、人与人的和谐共处、良性循环、全面发展、持续繁荣为基本宗旨，以建立可持续的经济发展模式、健康合理的消费模式及和睦和谐的社会关系为主要内涵。

生物圈是生物与环境协同进化的产物，其自调节、自平衡、自创生的性质和功能完全取决于这种协同进化的机制不被破坏，这也是人类社会可持续发展的自然基础，破坏了这个基础，人类就不可能生存下去。人类社会要在这个自然基础上发展，就必须将自己的物质生产和消费活动控制在生物圈可持续承载的限度之内。在今天，人类只有使自身协同起来，才能确保全人类的物质活动不致“超载”；人类的文化必须进化到能实现全人类协同的水平，才能使人类的适应性进化能力达到可持续发展的要求。从理论上说，人类的物质消耗和废物排放的合理水平在总量和人均量上都是可以量化的，但要在实践中做到则需要全球协同。全球协同的关键是利益协同，是人均资源量公平。发展就是要在生物多样性和生态服务功能这一可持续发展的自然基础安全的情况下，不断地提高有限资源的利用率，不断提高物质产品的效用和服务水平，不断提高精神产品和精神生活的丰富性。因而，生态文明是充分体现公平与效率相统一、代内公平与代际公平相统一、社会公平与生态公平相统一以及社会和谐与自然和谐相统一的文明。

生态文明作为人类社会可持续发展所必然要求的社会状态，已不仅在全球从宏观到微观的各个层面有所体现，而且呈不断拓展、深化和增强之势。在全球层面上，保护大气层、海洋及生物多样性，稳定气候，防止毁灭性战争和环境污染等方面的全球协作已取得进展；在国家层面上，对自然生态系统如自然森林、重要天然湿地实行保护，对受破坏的生态系统和被污染的环境进行生态修复和污染治理，实行生态补偿政策，开征环境税、资源税等，都已取得成效。一个体现污染者付费、受害者获补偿、贡献者获奖励、多消费者多交税的社会公平、生态公平的观念和机制正在全球形成，并日益深刻地影响到所有社会组织和个人的行为方式。这将促使所有的人在生产和生活中都节约资源，使资源得到循环利用，达到物尽其用、降耗减排的效果，从而抑制直至消除社会的奢侈浪费恶习，激励人们追求健康节俭的生活。同时，生态文明建设为科技、文化和制度创新提供了一个无限广阔的空间，低耗低排的新技术研发、生态文化产品的创造和消费已成为人们自觉的方向性选择。因而，生态文明建设已日益广泛、深刻地影响到社会生产、生活的方方面面，它必将深刻地改变整个人类的观念和习性，使人类社会走向与自身协同，与万物与环境协同，从而实现可持续发展。

5.2 建设生态型河道

生态型河道是人工物化的，非自然原生态的，相对贴近自然、体现人与自然和谐共处的水利工程。

生态型河道以安全性、可靠性、经济性为基础和前提，以满足资源、环境可持续发展和多功能开发为目标，逐步形成陆域草木丰茂、生物多样、自然野趣，水体鲜活流动、水质改善、具有多种水生生物、物种种群之间互相依存形成系统并能达到自我净化、有自我修复能力的水利工程。生态型河道本身就是一种景观。其特征如下：

5.2.1 生态型河道是生态水利工程

生态型河道是符合防洪除涝安全要求的除害兴利工程。生态型河道建设并不要求刻意地追求某种形式，形成一个固定的模式，也不是一概地排斥硬质工程，而是要求从实际出发，因地制宜地开展河道整治，在确保工程安全的前提下，力求形成河道形态简洁、朴素、自然、通畅，水质改善，水体调活的局面。

5.2.2 体现人与自然的和谐共处

一般不全面的观点认为，生态型河道就是亲水型的，体现以人为本的理念。但以人为本不能涵盖人与自然的关系，它主要侧重于人类社会关系中的人文关怀。生态型河道不再是改造、征服自然和单纯地以人为本，而是提倡人与自然的和谐共处。这样可以避免水利工程建设中的盲目性和投资的随意性，特别是避免水利工程园林化的倾向。

5.2.3 体现生物多样性和本地化

严格来说，水利工程本身是对自然原生态的一种破坏，只是在整体上权衡利弊得失时这种破坏利大于弊而已。生态也不是一成不变的，而是动态平衡的。因此，建设生态型河道时必须极大地关注恢复或重建陆域和水体的生物多样性形态，尽可能地减少那些不必要的硬质工程。河岸选择栽种的树种、草种，尽可能用本地土生土长的、成活率高的、便于管理的品种，杂树、蓬草均可。

5.2.4 建设过程是渐进式的

无论是生物多样性的重建，还是自我净化、自我修复能力的恢复，在河道整治中都不可能一蹴而就，而是一个渐进的过程。人类对此予以尽可能多的关注，这个目标才有可能尽快地实现。

人类水文化与生俱来，其悠久历史实际上就是水资源的开发利用史和对水系保护的演变史。

5.3 水系保护的历程

水是生态与环境的控制性要素，是一切生态之源、文明之源、生命之源。纵观人类社会对水资源的开发、利用和保护，大致经历了六个历史阶段：

5.3.1 以防洪建设为主

人类社会要求发展首先要确保自己的安全，特别是人类开始在水域周边定居之后就必须进行防洪建设，如堤防、城墙、城市排水系统等。并且，随着社会经济水平的提高，防洪建设水平也不断提高。

5.3.2 以供水建设为主

人类社会防洪安全得到一定保障后，经济就会发展。当经济发展到一定程度时，水的供需矛盾就日益突出，这时各种引水、配水等供水系统的建设成为水利建设的主要内容。经济越发展，要求供水能力和保障率越高。

5.3.3 以水资源保护为主

随着社会经济的发展，供水量越大，排污量也越大，水域的污染会造成重大社会问题。因而，水资源保护、改善水环境等建设就成为一个时期内水利建设的主要内容。

5.3.4 以景观建设为主

水质问题基本解决后，人们生活水平的不断提高，旅游业的发展，就会对水域周边的景观提出较高的要求。因此，以水域空间管理、为人们提供良好的休息娱乐空间为主要内容的水利建设在城市周边地区得以发展。

5.3.5 以生态修复为主

随着人们对保护生物多样性意识的增强，人们重新审视自然水域在生态环境中的作用时，要求恢复水系生态功能的要求变高。水域不仅要清洁、美观，而且水域遭受破坏的自然生物要恢复原生态，繁茂生长，生机盎然，即回归自然。因此，修复水域的生态系统成为发达国家水系管理的主要内容。

5.3.6 以生态建设为主

人类健康生活、社会文明发展，并不停留在生态环境从破坏到修复的过程中。在可持续发展和回归自然等生态建设理念的指导下，人与自然追求的是和谐相处、共同发展。人类发展的高级阶段将是生态环境按生物多样性、生态多层性、生境多重性的要求重新建设的过程，追求老子所倡导的“天人合一”、“身土不二”的最高境界。

生态平衡是生态系统在一定时间内结构和功能相对稳定的状态，其物质和能量的输入与输出接近，在外来干扰下，能通过自我调节（或人为控制）恢复到原始稳定状态。但平衡是动态的，维护平衡，不只是保持其原始稳定状态。生态系统在人为有益影响下，可建立新的平衡，达到结构更加合理、功能更加完善、效益更加显著的目的。

5.4 水域生态修复方法

生态修复是当今国际上新兴的自然科学的分支，根据生态修复学会的定义，生态修复的目的是修复那些因人类活动所致的失衡或衰退的生态系统，使之恢复原有的生态功能。由于生态系统是一个包括环境因素、生物因素以及各因素间相互作用的复杂系统，对其修复也必然是一个庞大而复杂的系统工程，涉及环境、水文、气象、海洋、渔业、工程、经济、管理、社会、人文、美学、艺术等学科的交叉。

生态修复的关键就是保持物种的多样性，因为生物的多样性决定了生态系统的稳定性和抗冲击能力。对于一个多样性高的生态系统，当环境因素导致个别物种消减或剧增时，一般来说与其存在捕食或竞争关系的物种会相应变化以适应这个物种数量的剧变，保持原有生态结构的稳定；而当人为原因造成系统中某些链接弱化甚至断裂时，物质和能量循环的变化会引起各个物种之间相对数量上的变化，一些低等物种大量繁殖而一些高等物种逐渐消亡，生态系统的多样性下降并最终走向全面崩溃。

水生物群落与水环境构成的生态系统称为水生态系统，又可分为淡水和海洋两大生态系统。

5.4.1　自然形态的河道修复

城市经济快速发展的同时，污水直排入河。超过河道自净能力的污水量，导致河道水体黑臭。对于此类河道，在整治中应首先实施河道沿线全线截污，在基本截污的基础上，尽可能地不修筑硬质护岸，特别是一些小型的、水流比较缓慢的、不通航的河道。此类河道提倡采用自然生态型护岸，把水、河道及河畔植被连成一体，通过有机的配置，在自然的地形、地貌基础上，建立起阳光、水、植物、动物、土体、护岸之间的河道生态系统，为水生生物和微生物营造一个良好的生存环境，修复已经遭到破坏的水生态系统，提高河道的自净能力。

5.4.2　硬质护岸的河道

以往的河道整治工程只考虑了河道的泄洪能力、河堤的防洪功能，没有考虑到河流及河岸水边正是鱼类、两栖类、昆虫类、鸟类等与人类生存息息相关的动物栖息、繁衍、避难的场所，同时也是各种水生植物生长的地方。在河道整治时，用一层坚硬的结构隔绝了动植物和微生物与大地的接触，也阻碍了河道水体与浅层地下水的交流，使河道中的动植物和微生物失去了赖以生存的环境，无法生存，破坏了河流生态系统的整体平衡，导致河道天然的自净能力遭到破坏。

对于此类已建有硬质护岸结构的河道，在完善截污的基础上，主要通过培育生态浮床、河底种植水生植物、放养水生动物等方法，修复河道生态系统，提高河道的生物多样性和自净能力。

5.4.3　生物菌剂修复法

生物菌剂修复法主要采用不同的生物菌剂，补充或激活水体中的微生物群落，对水体中的污染进行降解和去除，减少水体中的生化需氧量（BOD）、化学需氧量（COD）、氨氮（NH_3、NH_4^+）、硫化氢（H_2S）等污染因子，消除水体黑臭或富营养现象；同时，恢复河道底泥的活性，提高河道水体自净能力。此法适用于封闭、污染源少的河道。

5.4.4 生物酶修复法

生物酶修复法主要通过生物（主要是微生物）的作用，采用多种能降解污染物的酶及促进微生物生长的有机酸、微量元素等，加速水体净化过程中微生物的生长及生物的演替，使污染物在现场降解成二氧化碳（CO_2）、水（H_2O）等稳定的无机物，或转化成无害物质，使污染物最大限度地降低，并逐步增加水体中生物的多样性。此法适用于相对比较封闭、外污染源较少的河道水质修复。

5.5 水生态修复的运用

5.5.1 江河湖泊治理工作

古今中外最初的河道整治主要着眼于除涝泄洪、航道疏浚和开渠引水等要求而进行河道疏通和设闸护堤等建设。由此而带来的就是河道渠化，河道断面形式单一，走向笔直，河道护坡结构也比较坚实，从而对保护水的自然清洁和维持人与水环境的和谐产生了较大影响，对城市生态与城市环境产生了较大负面作用。

5.5.2 生态城市建设

生态城市的概念可以追溯到中国古代的人居环境与古代欧洲城市，真正发展起来还是在20世纪80年代。生态城市理论现已发展到城市自然生态观、城市经济生态观、城市社会生态观和复合生态观等综合城市生态理论，并从生态学角度提出了解决城市弊病的一系列对策。城市生态系统包含多个系统的多个方面，许多学者也提出了建立生态城市的多项原则，如1996年雷吉斯领导的“城市生态”组织提出的十项原则，其中有一项原则明确提出“修复被损坏的城市自然环境，尤其是河流、海滨、山脊线和湿地”。

国内外诸多城市已经开始实施生态城市计划。我国的北京、上海、武汉、成都等大城市也于20世纪90年代初提出了建设生态城市的目标，各市规划部门也对生态城市进行了研究。进入21世纪，全国大中城市都兴起了城市绿地和城市河道整治建设的高潮，并开始实施生态城市计划。

随着城市发展和社会进步，人们开始对自己的生存环境提出了更高的要求，对城市河道从污水截流、清淤、底泥处理、两岸绿化等方面进行整治。两岸护岸的结构主要是仿照园林建设景观、休闲广场等。但在日益广泛开展的此项工作中暴露出了简单化、雷同化和工程化等不利倾向。

5.5.3　河道生态修复

目前，世界上很多国家都在对破坏河流自然生态环境的做法进行反思，都在逐渐将河流进行回归自然的改造。上海已经在普陀的横港河、松江新城的张家浜进行了生态护岸的建设。

根据国内外的实践经验，自然生态型河道建设的基本思想和所取得的效果，主要有以下几个方面。

（1）保护和建立丰富的生态系统。自然生态型河道建设的理念认为：人类与自然的关系是客人与主人的关系，因此，不能按人类的意愿任意地去改变自然，即使在需要最小限度地改变自然的情况下，也必须努力地以其他形式去恢复自然或建设自然，以进行必要的补偿，这样，才有可能使人与自然做到和谐共存。

（2）恢复河道的原有结构，为生物营造多样的、丰富的环境条件。在河道整治中，恢复原有区域的结构形态与自然特征是这一生态修复工程中所涉及的改善水质、回迁原有生物群，特别是重新建立水生生物生态系统等方面取得成功的基础。如果在河道中形成浅滩和深潭，把岸线也做成不规则的，即有宽有窄，使护岸有陡有缓，呈现出结构上的多样性，那么就可以营造出多种多样的、丰富的环境条件，形成丰富、稳定的生态系统。与此同时，允许河岸和河底的侵蚀、冲刷和淤积等自然动态变化的出现，使其成为可持续的自然进程，这样就可以为新的物种的生存提供可能性。

另外，河道的断面有宽有窄，可以增强其容蓄的功能，减少洪峰流量，减缓洪水的下泄速度，在防洪上也极为有利。而且，具有结构多样性的河道，也有利于水质净化。通过浅水河段和人工落差段的曝气，利用各种凹凸面进行接触氧化和吸附，并经过深水河段的沉淀，以及依靠植物、小动物和微生物的摄取、消化分解等，河流的自净作用会大幅提高，从而为生物提供良好的生息条件。

（3）扩大水面和绿地，为生物提供更多的生存区域。对于具有多种多样的、丰富环境条件的河道来讲，如果具备这种条件的区段过短，而且是孤立的话，那么，该处的生态系统将十分贫瘠，同样也会威胁物种的生存。

扩大水面和绿地，在城镇中心区也十分重要。例如，把路面做成透水的，扩大雨水的渗透范围。在城镇中，扩大水和绿的区域，不仅保护了生态系统，而且也使地下水得到涵养（有效补给），改善了城市的水循环，缓解了城市酷暑的炎热与严冬的寒冷程度，抑制了洪水的下泄，净化了大气，使城市的环境变得更加舒适。这就是建设自然生态型河道带来的种种效果。

（4）形成优美的风景。在考虑防洪、保护生命和财产，以及水资源利用时，有时需要对河道进行治理，但应尽量使其形态接近于自然河流。小溪在岩石间形成湍流，而在下游的田园间，河流又缓慢地流淌，人们期盼着恢复原汁原色的河流，重现田园风光。而形成如此优美的风景，也正是建设自然生态型河道所要达到的、也是能够达到的一大目标。

（5）原汁原色地恢复河流的原来面貌。在实现“原汁原色地恢复河流的原来面貌”时，重点是要做成一条体现地区风情的实质性的河流，而不是抽象的、一般意义上像一条河流的河流就可以了。例如，用于护岸的植被可取自当地的柳树，用于护坡的植被是从当地野草中挑选出来的，而不是人工草皮。按照河流自然延伸的尺度来考虑河流的恢复是十分重要的。

（6）营造具有简洁、朴实风格的河流景观。有些地方需要特别考虑鱼类的生息，而有些地方需要特别考虑萤火虫的生息，并为此特意制作环境保护型预制块护岸。自然生态型河道建设方法是针对所有“水面”，针对“普通河流”的，要求尽量采用自然的植被和石材，使建成的河道形态尽量接近于自然的河流。其形态最为丰富，而且简洁、朴实，景观最为优美，协调地将这些要求融合于设计方案中。特别需要提醒的是，切忌将河道设计成单纯通水的渠道。

5.5.4 长江流域大型水利工程与鱼类资源的救护

长江水资源是我国经济社会发展的重要资源，承担着我国未来发展的重任。在维护健康长江的实践中，要深入研究、积极探索水利工程生态调度与修复运行模式，将生态保护的理念运用到流域综合规划和其他各项规划中，运用到水利水电工程规划设计和环境影响评价中，围绕源头生态脆弱区、水电开发集中区、重要水源区、中下游洪泛区以及两湖河口地区，作为维护健康长江的5大关键区域创造性地开展工作。

自然状态下，洪水泛滥对水生生物和鱼类资源是有利的和必要的。而长江流域已建和在建的一系列重大水利水电工程，如三峡水利工程、南水北调工程和长江上游干支流梯级水库，在发挥各自效益的同时，又对河流生态系统产生了多方面的长期影响。目前，这种影响正日渐显露。例如，三峡水利枢纽工程的蓄水运用改变了长江中下游河道的来水来沙条件，使干流河道冲淤特性、河势及江湖水沙关系等发生了重大变化，给长江中下游乃至河口、近海水域的防洪、航运、供水、水产、生态环境等带来了一系列新问题。

根据对鱼类资源的影响和长江鱼类生态习性的特点，主要保护工程措施是建设人工增殖放流站，对于受水利水电等工程影响的鱼类资源采取人工繁殖放流的方法补充其资源，如葛洲坝水利枢纽工程就建立了中华鲟人工繁殖放流研究所，其主要任务就是采取人工手段繁殖并放流中华鲟。而在三峡水利枢纽工程关于鱼类资源保护的措施中，将长江三峡鱼类增殖放流站，分别布置在三峡水库库尾、尾中和三峡大坝下。对于在通江湖泊出口上所建的闸坝，则有一部分建设了过鱼设施。这对于保护湖泊中的鱼类资源和湖泊的渔业，发挥了一定的作用。这种鱼道主要是在长江下游，如安徽的裕溪口闸和江苏的太平闸都建设了鱼道。

5.5.5 长江河口生态修复

河口分布着许多沙洲湿地，植被是湿地生态系统的重要组成部分，其种类组成分布与湿地演替过程密切相关。植被演替的发生往往与环境条件的变化同步，是与环境相互作用的结果。人为干扰加速了当地自然植被的演替。例如，围垦潮滩湿地，缩短了物种的定居与建群的时间，相应的植物群落构成也会发生变化。

对于将河口水域作为栖息地或生活史必经之地的物种，要结合河口综合整治开发，实施生境的分级分类保护。在对河口水域生境进行系统深入调查的基础上，结合历史演变趋势与生态保护要求，建立科学的评判系统，对水生生境按重要性、敏感性进行分类分级划分。确定禁止开发区域、可开发区域，并对开发方式、开发规模、开发强度、开发时序等提出限制性要求。根据功能区划制定各类控制性保护指标，指导保护工作实施。

根据水生生境分级分类和水域生态功能区划的保护要求，对历史上被破坏了的珍稀物种栖息地、重要鱼类产卵场、索饵场、洄游通道实施改造与修复工程。对于重要的通江内河，采用阻隔性方案或建设过鱼设施。

对于新的圈围区、河道及航道疏浚区等生境破坏较明显、损失范围较大的区域实施生态修复工程，在原区域（如促淤范围内）或原区域外围附近区（如圈围区外围）或其他合适替代区域，采取生态补偿措施，人工投放底水生或湿生物种，加速生境演替和修复，以维护河口总体生境和生态平衡。

根据水域生态功能区划的要求，优化排污口的位置与布局，并结合水功能区划的要求，提出严格的污染物排放量和削减量限制，对各功能区水域实施目标控制。

为保护区域生物多样性，在保护生境的前提下实施人工增殖放流是十分有效的保护措施。目前，在国内外，通过改变受损生态系统的食物链结构进行生态系统结构修复的事例正日益增多。下面介绍的底栖生物增殖与放流正是立足于河口生态系统食物链结构重建的一种修复方法。

（1）长江口珍稀水生物保护。据史料与调查，在长江口水域分布或曾出现的珍稀水生物有国家Ⅰ级保护动物白鲟豚、中华鲟、白鲟，国家Ⅱ级保护动物江豚、松江鲈、花鳗鲡、胭脂鱼等7种。其中白鲟豚、中华鲟、白鲟、胭脂鱼为中国特有种，均为大型水生动物，在同一水域出现如此多的大型珍稀水生动物，在世界范围内也极少见，这充分说明长江口水域生境的多样性和特殊性。现状与发展趋势表明，大部分种类种群资源急剧下降，且多数种类在河口出现频次很低。人类活动是导致种群数量下降的首要因素，主要可以归结为：直接伤害（误捕、船舶螺旋桨击伤、扰动）、生境破坏（繁殖地、栖息地、洄游通道破坏）、饵料基础破坏（酷渔滥捕导致饵料生物减少）等。

从保护策略上分析，保护珍稀水生动物，不单是要保护仅有的几个物种，更是要保护珍稀物种赖以生存的生态环境，维系其种群在河口水域的自然繁衍，维护区域水生生态系统的良性循环和平衡稳定。鉴于长江口水域珍稀水生动物资源多数濒临枯竭，应从全局着眼，结合开发实施保护。

长江口总的整治思路主要是通过工程措施和非工程措施适度满足上述要求，其主要原则和方向为：圈围滩涂、缩窄河宽以稳定河势，并提供土地资源、岸线资源；缩窄河宽，减轻咸潮上溯并新建长江水源地；建设导堤、拓深航道；内河清淤，建闸防洪排涝等。

（2）长江河口及滨海湿地生态修复规划。长江口门宽约90km，海滨湿地面积约3000km^2，支撑着上海市60%～70%的特有珍稀和濒危物种的栖息，是生物多样性很高的生态系统。长江带来的丰富营养促进了藻类、浮游动物的生长，为鱼类的繁衍提供了充足的饵料，因此形成了不少天然的渔场。河口还是海洋贝类的重要栖息地和鱼类、虾、蟹等主要海洋经济生物的产卵、育幼及索饵的场所，具有重要的生态价值和经济价值。河口也是陆源污染物进入海洋环境的主要途径，由于受自然和人类活动的双重影响，河口生态系统承受着巨大压力，面临严重威胁，生态有衰退的迹象。

从2001年起，中国水产研究院东海水产研究所在长江口进行了中华鲟幼鱼、底栖生物数次放流试验，旨在通过生物的人工增殖和移植来恢复长江口地区的生物多样性和生态系统的生物结构，并于2002年在长江口南支北槽北导堤进行底栖动物试验性放流来对深水航道建设中遭到破坏的底栖生物群落加以修复。

在生态修复中，选取底栖动物作为重建食物链结构的关键物种。根据

2004年东海水产研究所的调查，长江口近岸底栖生物群落结构中的经济贝类、甲壳类数量明显减少，而小型底栖生物贝类的数量显著增加，底栖生物群落呈现向小型化演替趋势，生物量下降，近岸海域的生态价值降低。退化的底栖生物环境亟待修复。底栖生物在整个河口生态系统中起着河口沉积环境和水体底下部分物质和能量转化的、承上启下的关键作用，一方面滤食性的底栖动物如贝类可以大量滤食水中的藻类，另一方面它们的幼体为鱼类及其幼体提供了丰富的饵料，从而促使长江口水体中营养盐进入食物链，减轻了水中的氮、磷含量。

结合长江口深水航道工程开展河口地区的生态修复开创了国内外生态修复的先例，为经济发展下的生态保育修复工作提供了一个崭新的思路。除了谨慎选取放流种群外，还应深入细致地研究放流后恢复物种与退化环境之间的相互作用及受损生态结构与功能随时间的动态变化。

5.5.6 长江流域湖泊水库生态修复

（1）江苏省引江济太——引水治污。引江济太调水试验是针对太湖流域水资源量不足、水污染严重的状况提出的利用现有水利工程，引长江丰富的过境水入太湖流域，改善水环境的设想，是流域生态恢复的重要措施之一。调水试验是通过从常熟水利枢纽引长江水，由望亭水利枢纽每年引入太湖10亿m^3的水，同时由太浦闸等增加向太湖周边江苏、浙江和上海等下游地区供水，以改善太湖及下游地区水环境。

引江济太试验自2002年1月30日正式开始，历时7年，取得了成效，积累了经验，并得到社会各界的广泛关注和好评，实现了“静态河网、动态水体、科学调度、合理配置”的战略目标，由此带动了水利工程的优化调度，使水体流动加快，水体自净能力提高，缩短了太湖换水周期，改善了该流域的水环境质量。

例如，2003年夏季，太湖流域出现了历史罕见的高温少雨天气，降水量不足常年的一半，导致太湖水位下降、水环境持续恶化，对上海、苏锡常和杭嘉湖等地区的人民生活、生产用水造成严重威胁。从8月7日开始，水利部太湖流域管理局会同江苏、浙江、上海两省一市的水利部门紧急启动了“引江济太”调水工程，实施由望虞河常熟水利枢纽引长江水入太湖河网，由望亭水利枢纽引水入太湖，由太浦闸向下游供水的整套方案。截至2003年底，共引长江水24.16亿m^3，其中入太湖水量12亿m^3。通过合理配置和紧急调度，保障了上海、苏州、湖州等城市的供水安全，满足了杭嘉湖地区的用水要求，改善了太湖河网水质和流域水环境，取得了多重效益。

（2）武汉市新建区面源污染控制。长江水资源保护科学研究所曾承担“新建区面源污染控制技术研究及示范工程”、“南水北调丹江口水库库区生态环境综合整治技术与示范”、“大东湖生态水网构建工程”等多项工程，以下分别概括论述。

位于武汉市墨水湖畔的桃花岛新建区面源污染控制工程主要从城市生态学的角度考虑，利用生态系统的净化功能处理生活污水，以达到控制污染的目的。该工程本着遵循自然规律的原则，充分利用现有的土地、塘和湿地及湿地植物的功能，发挥其生态净化的作用，将径流污水处理系统与自然生态景观融为一体，效果显著。参见图5－1。

图5－1　武汉市桃花岛新建区面源污染控制工程示意图

资料来源：见水利部长江水利委员会，长江水资源保护专辑，武汉：人民长江，2008年，第39卷，第23期。

该工程的成功表明：①根据城市面源污染产生和发展，其控制可从源头、输移和汇集等三个方面着手。源头、输移和汇集控制之间相互关联，它们分别控制着城市面源污染发生发展的各个关键环节。同时，源头、输移和汇集控制之间又是相对独立的，在城市面源污染控制中可以根据当地实际情况和面源污染发生发展的特点单独使用，以最大程度地控制城市面源污染。②城市面源污染的控制宜采用一些生态工程措施，涉及土壤、绿地、塘和人工湿地等。这些工程措施能够与城市规划、小区绿化相结合。通过这些生态措施的沉淀、过滤、降解和吸收等，污染物负荷能够在各个环节最大限度地得到削减。③源头控制工程的运行表明，经过该工程的处理，各种污染物的浓度值可达到和接近纯雨水的浓度值，基本实现了污染的零排放。④汇集控制工程的运行表明，塘系统对高负荷的初期暴雨径流具有很好的去除效果，人工湿地对中低负荷的污染径流处理效果较好，其中复合流人工湿地比水平潜流人工湿地具有更优的去除效果，尤其是对总氮的去除。塘和人工湿地优化组合，既能维持整个汇集控制的稳定运行，又能在很大程度上控制面源污染。

(3) 丹江口库区生态环境综合整治。“南水北调丹江口水库库区生态环境综合整治技术与示范”是国家“十一五”科技支撑项目，长江水资源保护科学研究所针对丹江口水库库周及集水区水土流失严重、植被涵养水源功能低下、农业经济增长潜力弱、面源污染严重等问题，通过对面源控制、生态修复、植被定向恢复、农业经济结构调整等关键技术研发、集成与模式的试验示范，提出库区生态环境综合整治技术体系和模式，为改善丹江口库区生态环境和调整农业经济结构提供科技支撑，以确保南水北调中线工程的运行安全、水质安全和水源地生态安全。

丹江口水库作为全国最大的饮用水源保护区，本着功能主导、可持续利用、与当地自然地理条件一致、可行性好、便于管理、综合利用等原则并依据等高线、借助航片、水库调度方案、土地利用现状等将水库库周湿地划分为5个功能区：水源涵养林区、生态农业区、库滨缓冲区、消落带生态恢复区、水体生态保护区。针对各生态功能区水土流失的特点、功能需求，结合总体布局的要求，确定了如下保护与修复措施。

水源涵养区以林地和荒地荒坡为主，部分林地和荒山存在水土流失。采取封禁治理，减少人为活动和干扰，在宜林地营造水土保持林，通过封禁、封育、补植等措施，促进林木和植被的快速恢复。同时，建立养山机制，充分依靠大自然的力量修复生态，发挥植被特别是林灌草植被的生态功能，涵养水源，保持水土。

生态农业区有坡耕地和经果林地，是水土流失和治理的重点区域。采取的治理措施主要为实施生态田埂和生态沟渠等水土保持防护工程措施，配套坡面水系工作和作业道路。通过科学施肥施药，减少污染物质在地表的积累量；借助生态农业技术、农田水肥管理、生态种植等管理措施来减少农业面源的污染源，建立优质、高产、高效的生态农业生产基地。采用就地促治、土地处理等生态工程处理农村生活污水和畜禽养殖废水，兼顾处理废水的就地资源化，利用沼气池进行人禽畜粪便和生物材料的控制、治理及利用，并采取非工程措施强化农村垃圾的处置管理。结合社会主义新农村建设景观美化，实现削污与新农村建设的双重目标。

库滨缓冲区主要指坡脚和入库沟道入口，采取工程措施和植物措施相结合，建立植物过滤带和沟道拦沙工程，营建生态滞留、生态隔离、植物缓冲过滤等生态截控净化系统，充分发挥系统自我调节与自净功能，达到控制侵蚀、改善水质、美化环境的目标。主要治理工程包括植物过滤带、谷坊、拦沙坝等。

消落带生态恢复区为项目实施的重点区域，须重建消落区植被，恢复生态功能。以生物措施为主，配置工程措施，主要为种子库移植技术，提高植被恢复速度。生态修复措施充分考虑该功能区生态系统类型的多样性、地质与土壤结构的复杂性、植被生长环境的恶劣性、生态功能需求的多重性、适宜物种的稀少性以及经济利益与生态环境效益，选择适应当地条件、具有一定经济效益的湿生植物，恢复和重建消落区植被。

水体生态保护区采取行政措施，保护水体生态，禁止以投放化肥或滥投饵等方式进行渔业生产。加强渔业养殖管理，规范水产养殖生产，全方位实施对重点养殖场的跟踪和监控工作，控制水体污染。

5.6 城市河道整治发展方向

5.6.1 城市河道整治应与生态城市建设紧密结合

城市滨河生态系统是城市生态系统的重要子系统，所以，城市河道建设与河道整治已经成为生态城市建设与城市生态恢复的一个重要组成部分，是城市规划建设的重要内容。城市河道建设与整治包括城市河道水环境、水边（即滨河空间）环境及水陆生态系统的建设与恢复。应以生态学原理为指导，强调生态优先与整体优先的原则，协调好人与滨水自然环境、人与滨水人工环境等关系，使河道生态环境呈良性循环发展。

5.6.2 城市河道整治应与城市可持续发展紧密结合

城市资源环境的可持续发展是城市，乃至人类发展的重要内容。城市河道及滨河生态系统的好坏直接影响着城市经济、资源、环境等多方面的发展。反观18世纪末英国产业革命后，泰晤士河两岸工厂企业林立，伦敦人口猛增，工业废水和生活污水排入河中，泰晤士河逐渐变成河水浑浊、污染严重的臭河。经历140多年，到了20世纪50年代末，污染更加严重，鱼类绝迹，病疫流行，已经达到伦敦不可持续发展的地步了！

5.6.3 城市河道整治应标本兼治

城市河道的污染和滨河环境的恶化，以及滨河生态系统的破坏主要是由于城市污水滥排，导致河流水质恶化、水生生物灭绝、河流生态遭到破坏、城市环境恶化。所以，城市污水截流与治理是改善城市河流水质的最根本手段。

5.6.4 城市滨水景观建设是城市规划建设的重要内容

城市滨水空间是城市与河流、湖泊、海洋相毗邻的特定区域，是能见水、近水、亲水的特色景观环境，也是城市生态与城市生活最为敏感的地区之一，具有自然、开放、方向性强等空间特点和公共活动多、功能复杂、历史文化丰富等特征。城市滨水区将成为一个城市建设和开发的新热点。20 世纪 60 年代，欧美地区广泛开展以充实改善水空间功能为目的的滨水区建设，拉开了大规模城市水空间规划建设的序幕。城市滨水景观建设的目标是建成一个健康富裕的生活条件与美丽自然的环境相协调的富有活力的社会，确保一般河流的水量，恢复洁净水流，保护水质，形成良好的河流景观与滨水环境，建设城市水网并加强绿化，使水边空地具有舒适开阔的空间，为各种娱乐活动提供适宜的场所，并重视它的生物多样性，将城镇改造与滨水环境建设融为一体。这是当今世界城市建设发展的一大潮流趋势。

5.6.5 利用非工程性措施改善城市河流生态是研究的新方向

利用河流的水动力特性进行水资源调度和利用河道本身的自净功能与生物的净化功能改善水质，提高水环境承载能力是研究的新方向。利用河流的水动力特性，特别是感潮河流的水动力特性进行水资源调度，可以增加水量，稀释水体，输移污染物，提高水体纳污能力，从而提高水环境容量和水环境承载能力。

建设生态型河堤是现代城市河流治理的发展趋势。生态河堤作为一种新概念河堤，以“保护、创造生物良好的生存环境和自然景观”为前提，在考虑具有一定强度、安全性和耐久性的同时，充分考虑生态效果，把河堤由过去的混凝土人工建筑改造成为水体和土体、水体和植物或生物相互涵养，适合生物生长的仿自然状态的护坡，是融现代水利工程、环境、生物、生态、美学等学科于一体的水利工程。一方面，利用生态河堤生长的水生植物（如芦苇等）和由此而生存的其他水生生物净化水质；另一方面，通过河道河底及坡面表层泥面生长的大量微生物、藻类、水生动植物形成的自然生物膜净化水体，提高河道本身的自净能力，达到改善水环境的效果。

5.6.6 复合生态河流断面（还河流以空间）是现代城市防洪规划提出的新理念

由于城市发展、人口压力增大，城市河道成为人们掠夺土地面积的主要目标。同时，为了城市防洪，城市河道两岸建立了高耸的直立墙。然而，安全保障总是有限度的，随着安全水准的提高，土地利用也发生了很快的变化，总体风险（发生洪灾的概率）也在增加。洪水概率的降低被可能出现的更大的洪灾损失所抵消。因此，近年来荷兰提出“还河流以空间”的新理念，使河流在流量、泥沙输移、宽深比等方面达到动态平衡。国际上非常重视“堵疏结合、蓄泄并重”的治水理念，给河流以空间，增加河流的过水断面，给洪水以出路。也就是近年国内提出的兼容人类亲水性、生态性和河道蓄水防洪功能为一体的复式河流断面，见图 5－2 至图 5－4。

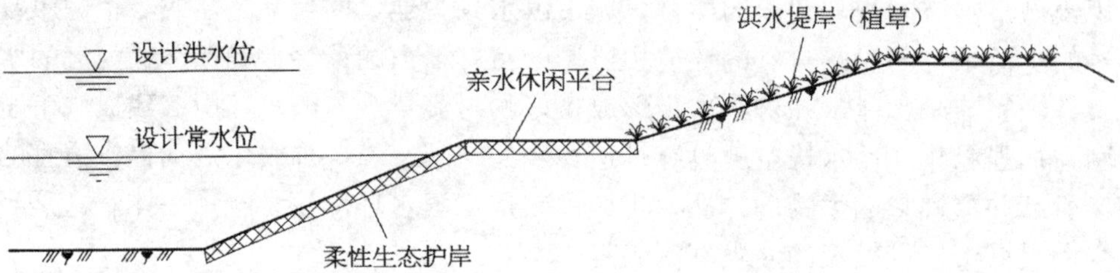

图 5－2 兼亲水、生态与蓄水防洪功能为一体的复式河流断面示意图

资料来源：见汪松年，上海水生态修复调查与研究，上海：上海科学技术出版社，2005 年。

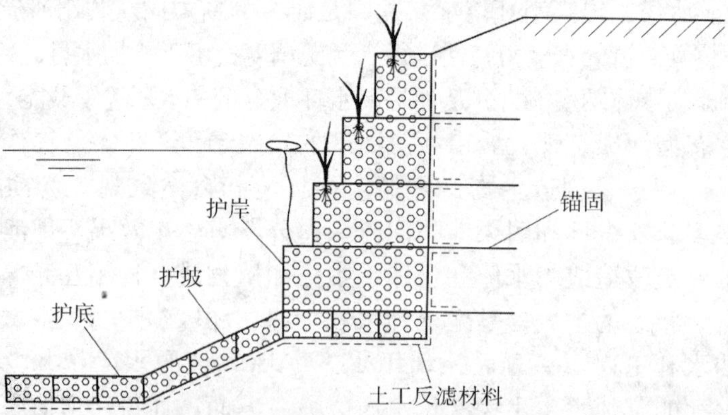

图 5－3 铁丝网笼挡土墙结构示意图

资料来源：见汪松年，上海水生态修复调查与研究，上海：上海科学技术出版社，2005 年。

图 5-4　施工中的铁丝网与碎石种植基

资料来源：见汪松年，上海水生态修复调查与研究，上海：上海科学技术出版社，2005 年。

5.7　对生态型河道生态水利工程的设想

“建设生态文明”，这是以人与自然和谐相处，全面、持续发展为宗旨的宏伟美好的建设目标，要通过树立并贯彻执行科学发展观来实现。众所周知，水是生态和环境控制性的首要决定因素；江湖水系水资源是中国经济社会发展的、无可替代的重要战略资源。所以，维护江湖水系健康，维护水系优良生态和环境极其重要。

当前，维护健康水系的首要任务是确保“三个安全”，即保障人民饮水安全、防洪安全、关键区域的生态安全。这是一项极其艰巨的长期任务。

5.7.1　建设生态型河道应注意的问题

建设生态型河道，一要尽可能避免用水泥与石子的建筑，而要利用自然材料，保证陆域和水域的自然过渡，创造一个适于动植物生长的水环境；二要有意识地种植水边植物与水生植物，这些植物有很强的过滤和吸收污染的作用，能提供各类水生动物的生存条件；三要有目的地放养浮游生物、鱼类等；四要利用地下水潜移默化地进行水体交换。

5.7.2 水中生物多样性的问题

生物多样性是水生态修复的关键，在中国一些水生态修复工程中，有关水域和水体中总体上生物多样性不够，真正能恢复水中生物链的不多，大部分都靠人为外加某种微生物、复合酶或强化一些植物的繁殖生长来消除黑臭和提高水体质量。这在开始治理时是必要的，效果也是明显的。但长期这样下去是没有发展前途的，也不符合当地河道治理的实际情况。水生态的修复要立足于水中生物链的恢复，不能把河道水生态修复视作污水处理过程，也不能把提高水体质量简单地看成是自来水净化的过程。

5.7.3 水生态修复的科学问题

城市河道整治是融现代水利工程及多种学科于一体的、系统的工程。所以，城市河道整治需要多方面的专家、学者、工程师共同努力才能完成。现在国内出现的景观河道建设仅是水利工程学与城市规划学、园林学的结合，缺乏对生物科学、生态学及可持续发展的理解和运用，所以城市河道整治应吸取国外城市河道整治的经验，建设生态型的城市河道，保持城市资源与环境的可持续发展，恢复城市生态系统。总之，水生态修复是科学性很强又非常复杂的一项工作，需要在理论上研究，在实践中论证。

5.7.4 水生态修复的管理问题

在水生态修复的同时，要加强管理。对水生植物要春种、夏管、秋收、冬藏；要经常观察水中的动物，合理放养，并注意病虫害的防治；同时，还要加强水质的监测。此外，还须走低成本、高效率的道路。

5.7.5 水资源开发要建立水生态学指标体系

生态系统是指生物和非生物，以及生物有机体之间相互作用，彼此之间进行物质、能量和信息交换，形成的不可分割的自然整体。它可以是一片森林、一块草地、一条河流、一个湖泊等等。人们在开发利用水资源的活动中，对水的认识不断深化，水也是一个生态系统。它不是静态的，而是包括输入输出水生态系统的物质、能量和信息的交换。因此，保护水资源不仅要保护水本身的质和量，还要保护包括水在内的整个生态系统。

目前在中国现有的法规和标准中，还没有一个以水生态系统整体为调整对象可以量化的标准或规定。一方面缺乏量化指标。比如，有关水量方面的法规，只规范了人们“为”与“不为”，如《中华人民共和国水法》中规定

“开发利用水资源和防治水害，应当按流域或者区域进行统一规划”，但水资源开发利用程度到底多少为宜（国际上通行的是本流域水资源总量的40%），在法律法规中并没有相应的标准。另一方面是水质、水量标准的分离。水量和水质无时无刻不在相互影响着，而我国现行的水质标准尚未考虑水量和运动的变化。因此，我们需要建立以水生态系统为调整对象的指标体系，同时还要考虑作为技术规范的指标体系如何与水法规相衔接。

制定水生态学指标应考虑的因素有：①时间因素。我国水生态系统随季节变化非常明显，但是目前的标准几乎没有任何这方面的特殊要求。在水质方面，比如排污，无论春夏秋冬都是一个标准。实践表明，污染事故往往集中在旱季，发生在汛期来临前。②空间因素。我国幅员辽阔，重要的江河湖泊因其分布地点不同而各具特点，即使是一条河流，上下游差异也很大。水资源开发利用的强度用相同的标准去约束显然行不通。因而要根据不同的自然条件并充分利用自然条件提出切合实际的要求，做出既有益于环境又有益于经济的选择。与空间因素紧密相关的有经纬度、气候、地理环境、河床、地质等因素。③水动力学因素。国外甚至利用人为改变水动力学条件的方法来改善水质，如跌水瀑气、草地漫流等，最终达到净化水质的目的。当然，这不是治理污染的措施。另外，水动力学因素还直接关系到水质变化的速度，流水不腐就是这个道理。④人为影响因素。在人类长期的水资源开发利用过程中，许多河流已经改变了自然形态和水流特点，使得自然环境变化与水生态条件的变化不完全同步。因此，水生态学指标必须考虑人为因素。

总之，一个全面的水生态学指标体系应能指导人们的行为，并能衡量这种行为带来的结果。比如一个规划编制的好坏，不仅要各级政府及有关专家能够通过，还要看规划实施的效果。当然，建立水生态学指标，需要考虑的因素还有很多，但更重要的是考虑各种因素的综合影响，最终体现出生态系统的统一性和整体性。

第二编　水资源与水环境保护科学研究

第六章　黄河与长江两大流域森林植被与生态环境的关系

6.1　生态环境危机

当代世界亟待解决的是人口、资源、环境和发展四大问题。在中国，越来越多的有识之士认识到：当前以至未来，中国面临的最大危机是生态环境危机。

随着社会的飞速发展，人类千方百计地向自然界攫取资源以制造出生活高消费所需要的产品，这种毫无止境、变本加厉的开发利用，造成自然界资源衰竭，难以为继；同时，人们用其生产和生活废弃物肆无忌惮地污染环境，危及人类的正常生活和发展。因此，保护和建设生态环境是当今至关重要的、亟待解决的世界性、世纪性战略问题。

陆地生态系统中范围最广阔、结构最复杂、功能最稳定、生物总量最丰富的一个群体，毫无疑问非森林莫属。它是陆地上自然生态平衡的维系者，在涵养水源、防风固沙、保持水土、制造氧气、调节气候、净化空气、保护动物、改善生态环境等方面，森林的多种效益大大超过它所提供木材及林副产品的价值。

遗憾的是，千百年来，人类为生活所需而肆意毁林开荒，导致水土流失、土壤贫瘠、河湖水库淤塞、土地沙化，更为严重的是造成水文状况逐年变劣、洪枯比值逐年上升、水资源利用率降低、气候恶化、水旱灾害频繁，直接威胁着人类的生存。黄河、长江流域的演变历史就足以说明这种因果关系。

6.2　陆地水土与植被的依存关系

陆地水土流失是土壤侵蚀中最主要的一种类型，即降水径流侵蚀。

6.2.1　水土流失形式

按流失的动力可分为雨水冲失、径流冲失和重力流失，按表现形态通常分为面状流失、沟状流失、崩塌流失和泥石流失。

6.2.2　水土流失的危害

纯粹自然因素影响下，如降水、地形、岩性、土壤、植被，不论其他因素是好是坏，只要植被茂密，水土流失是不会超过允许流失强度的［长江流域有关部门规定允许流失强度为500t/（km^2·a）］。

以大气降水及地面径流为主要动力的水土流失，主要是对土壤及其母质进行分散、剥蚀、搬运等侵蚀。水流既挟带土壤物量颗粒，又随之带走有机质和矿物营养元素，致使土壤结构不断恶化，涵养水分的能力逐渐降低，因而土壤的生产力日益降低；特别是那些砍林毁草的陡坡耕地，往往是“头年种，二年收，三年丢”。

6.2.3　雨滴对水土流失的作用

雨滴的动能对侵蚀的作用也很大，不同粒径的雨滴最终速度在1～9m/s之间，实验表明：雨滴的平均粒径与雨强度成正比关系。因此，同样深度的一次降水，暴雨雨滴的动能总量要大得多。暴雨时被雨滴冲动并随同水粒溅起的土壤数量，每公顷可达几十吨至几百吨。

6.2.4　植被与水土流失的关系

在缺乏植被保护的地表上，降水还将增大径流系数。由表6-1可明显看出，森林覆盖率低的地区径流系数就大；反之，森林覆盖率高，拦蓄径流量多，径流系数就小。分析原因有如下方面：

6.2.4.1　雨滴动能转势能

雨滴破坏了土壤的团粒，使地表变得平滑，从而减少了微地形上坑洼的“死容积”，使地表失去了可耐以缓冲的保护层。

6.2.4.2　雨滴破坏土壤渗透性

雨滴使地表变得密实，从而大大降低了土壤的渗透性能。据调查，在没有植被覆盖的黄土高原上，一次暴雨可使沟谷进展20多米。

表 6-1　1981 年大洪水沱江、涪江和嘉陵江等典型区域降水、径流、森林覆盖率三者分析结果

流域		集雨面积（km²）	森林覆盖率（%）	降水		洪水径流量（亿 m³）	径流系数（%）
				（mm）	（亿 m³）		
沱　江	三皇庙至登瀛	7894	2.76	206	16.26	15.21	93.5
涪　江	涪江桥至小河坝	12700	10.77	212.6	27.00	18.95	70.5
嘉陵江	金银台至武胜	11156	6.77	123.3	13.76	9.51	69.1

6.2.5　防止雨滴溅击土壤的措施

实验研究证明，有效地消除雨滴对薄层（2cm 以下）坡地水流的溅击影响，就可使水流的输沙能力降低 90% 以上。

6.2.5.1　植被防止水土流失

森林通常具有多层结构，高层有乔木，中层有灌木，地表有草丛及蕨类植物，地下还有发达的根系网络。以上组成了立体的绿色屏障。当大雨降落时：①参差的树冠和枝叶首先能起到拦截和阻滞（留）作用，形成第一次降水量的平衡分配，一般可截留雨量的 20% 以上，从而大大削弱降水对表土的击溅作用；②地面上的草丛和枯枝败叶对降水进行第二次平衡分配，可截留并吸收降水量的 10%；③林地的根系和特有的团粒土壤结构对降落到地面的雨水进行第三次平衡分配，可使 40% 的降水量很快渗透，转蓄为地下水。三次平衡分配可有效地保持住水土，同时也延缓了汇流时间，使江河洪峰减少或降低。

6.2.5.2　植被作用实例

在 1975 年河南省大水灾中，当时驻马店地区 3 天内降雨 1000mm，洪水急流，使板桥、石漫滩等水库大坝决口，造成极大灾害；而薄山、东风等水库却由于洪水入库时间延缓，安然度险。一个重要原因是：被毁的两座水库上游和库区周围森林覆盖率不到 20%，而无恙的两座水库上游和库区周围森林覆盖率达 90%。

东北松花江上的丰满水库，库容为 107 亿 m³，建库 47 年，泥沙淤积仅 1%；而黄河上的三门峡水库容量为 77 亿 m³，仅在 15 年里就淤积了 58.4% 的泥沙。究其根源，前者的上游长白山区地质条件好，且覆盖着茂密的原始森林；而后者的上游却是林木稀少的黄土高原。

据防蚀措施的实验研究，对 45°以下坡地采用种植草木措施，可使土壤侵

蚀减少到5%左右；若能够植树造林，则可使土壤侵蚀减少到1.1%以下。而生态环境较合理的森林覆盖率应大于35%。

6.3　黄河流域的历史教训

6.3.1　古今森林盛衰史

黄河流域（75万km^2）中，从青海省龙羊峡到河南省的桃花峪，面积约60万km^2，是世界上水土流失最严重的黄土高原地区。3000年前，这里还是茂密的森林和广阔的草原，西周时期约有林地3200万hm^2，森林覆盖率达53%；春秋战国时期为3000万hm^2，森林覆盖率为49%。但从秦、汉开始，经历代大量垦殖和破坏，森林被毁殆尽。到1949年时，林地已不足200万hm^2，森林覆盖率仅为3%。

20世纪90年代以前，黄河流域自上而下各省份的森林覆盖率已下降到0.3%～10.0%。例如，青海省天然林覆盖率已不足0.3%，宁夏天然林覆盖率已降到1.0%。

6.3.2　人类发展与环境恶化

黄土高原，特别是其中的丘陵沟壑区与高原沟壑区，坡陡沟深，土质疏松，植被缺乏，暴雨集中时，会导致大量水土流失。而千百年来，随着人口的增加，为了解决吃饭问题，人们不断扩大耕地面积，平地种完又开垦陡坡，采取广种薄收、掠夺式的经营方式，破坏了植被，加剧了水土流失，林牧副业得不到应有的发展，相应农业生产也上不去。逐步形成了黄河流域中上游“越穷越垦，越垦越穷”和下游防洪筑堤“越加越险，越险越加”的双重恶性循环局面。例如，陕西省，长期以来，由于滥伐、滥垦、滥牧，生态失调，气候逐渐恶化，灾害日益频繁。每年输入黄河的泥沙约8亿t，占黄河流域年输沙量的一半。

6.3.3　水土流失愈演愈烈

黄土高原地跨青海、甘肃、宁夏、内蒙古、陕西、山西、河南等省（自治区），总面积为5400万hm^2。目前，其水土流失面积就达4000多万hm^2，其中严重水土流失面积达2666.7万hm^2。陕北、陇东、宁夏南部的丘陵沟壑区，年平均每平方公里土壤流失量达6000～15000t，最高流失量达3万t/km^2；陇中及青海东部丘陵区，每平方公里年土壤流失量达2000～10000t。甘肃每年冲走地表肥土6.6亿t，其中含氮磷、钾肥约2000万t。

黄河的含沙量平均每立方米38kg，汛期达70kg，最高可达575kg。每年因此流失掉16亿t泥沙，其中包含氮、磷、钾肥5000多万t。

6.3.4 黄河安澜不保

黄河中游的大型水库，因上游来沙的淤积，平均每年损失1亿m^3库容；黄河下游也因此河床逐年抬高，许多地段的河床高出堤外地面4～5m，山东省齐河县是著名的悬河段，其河道内水面竟高出河道外地面7.5m以上，而在河南省开封市附近的黄河河段，水面甚至高出地面10多米。

森林面积越减少，自然灾害就越频越重。从秦、汉时至1949年的2000多年中，黄河流域共发生水旱、风灾2800多次，黄河共决堤1600多次，其中还造成重大改道46次（参见表6-2）。

表6-2 黄河泛滥、决口统计

朝　代	黄河洪水决口频率
秦、汉（公元前221年至公元220年）	26年一次
三国五代（公元221年至公元960年）	10年一次
北宋（公元961年至公元1127年）	1年一次
元、明、清（公元1206年至公元1911年）	4～7个月一次
北洋军阀至国民党统治时期	3个月一次

经过多年的调查研究和科学分析，业已查明：陕北、晋西北以及内蒙古东南部等约10万km^2的黄土丘陵沟壑区是黄河泥沙（包括粗泥沙）的集中来源区，其产生的泥沙（包括粗泥沙）约占黄河泥沙总量的3/4；同时也查明，黄河下游河道淤积总量有一半是粗泥沙。

6.4 长江流域的现实危机

6.4.1 历代森林兴衰史

唐代以前，长江流域（180万km^2）森林茂密，特别是长江上游地区森林覆盖率达到60%以上。其后，森林植被就逐渐遭到人为大规模破坏。20世纪

90年代以前，森林面积仅存20万 km^2（约占长江流域面积的11%），森林覆盖率也很不平衡，主要分布在西南区和华南西部。例如，云南省北部高达70%，而青海省东部却只有1%。流域平均森林覆盖率约为10%。

6.4.2　云南概况

据调查，云南省森林覆盖率约为24%，比新中国成立初期减少了一半，有40多个县森林覆盖率只有10%～20%，有20个县不到10%。全省水土流失面积达7万多 km^2，每年土壤流失量达5亿多 t。生态环境恶化的直接后果是多种自然灾害的频繁暴发和扩大。近百年来，云南省是3年一小旱，9年一大旱，大的洪涝平均6年一次。而1950—1990年间，小旱年年有，大旱及洪涝灾害则2年就暴发一次。其中20世纪50年代每年平均受灾166县次，60年代为205县次，70年代为233县次，80年代为250县次，90年代为280县次。仅1981—1989年间云南省农田受灾面积就由54.07万 hm^2 增至261.13万 hm^2，分别占当年耕地面积的10%和68%。另外，还有几万公顷高产田被山洪、泥石流、滑坡等所埋没，致使多年无法恢复。

6.4.3　贵州概况

贵州省原来森林茂密，1958年以前森林覆盖率大于24%，而20世纪80年代仅存10%，特别是乌江流域仅为8%（上游地区为4%），导致水土流失面积达5万多 km^2，占全省总面积的30%，比1964年水土流失面积增加了2万 km^2。严重的水土流失，不仅使地力贫瘠，更严重的是造成山地石化、沙砾化。贵州省自1975年以来，每年平均有9.33万 hm^2 山地被石化成裸露石山地。全省石山、半石山面积已达241.3万 hm^2，占全省总面积的14%。

6.4.4　四川概况

四川省在元朝时，森林覆盖率高达50%以上。经历次大砍伐，至新中国成立初期尚有20%（川西地区为40%）。但十年"文化大革命"期间，再次兴起乱砍滥伐森林之风。20世纪80年代，森林覆盖率已急剧下降到12%（川西地区也仅为14%）。沱江、涪江、嘉陵江等长江主要支流流域的川中53个县，有半数以上森林覆盖率不到3%，其中有13个县不到1%。随着森林的大片消失，产生了一系列严重后果。川东和川中水土流失严重，耕地土层变薄，土壤肥力减退，塘库淤积，水利工程效益降低，气候恶化，水旱灾害日重。

长江在四川省的50万 km^2 流域面积中，20世纪50年代的水土流失面积为9万多 km^2；而到了80年代，水土流失面积已扩大到38万 km^2，为全国水土流失面积的1/4强。目前，四川省坡耕地每年流失土壤5亿多t，随土壤流失的氮、磷、钾相当于35万t化肥。全省大中型水库每年淤积泥沙1600多万m^3，等于报废一座中型水库。

历史上有“江之害在于楚，江之利在于蜀”之说。但现在四川省除了旱灾的影响外，洪涝灾害不仅发生，而且日趋严重。以四川盆地为例，20世纪50年代发生水灾共4年，60年代增加到7年，70年代8年，80年代至90年代年年有。

在1981年四川特大水灾中，地处沱江下游的资中县的鱼溪、水南、归德、银山4个镇的面积大致相当，然而鱼溪镇森林覆盖率为25%，其余3个镇却都在2%以下，后3个镇的降水量都比鱼溪镇小，有的甚至少1/2～2/3，但这三个镇的农田受灾面积和粮食损失等都比鱼溪镇大5～20倍。原因是广袤的森林植被在降水（即使是特大暴雨）中，高效地拦蓄、截留了空中雨柱和地表径流，并迅速通过盘根错节的根系和地下茎下渗转蓄于地下，从而发挥了延长汇流时间、阻滞洪水的巨大作用。

6.4.5 上游河流泥沙的来龙去脉

根据长江川江段近40年来的资料分析，涪江、沱江、嘉陵江三江流域的土壤侵蚀模数（流域单位面积地面侵蚀量）都位于四川省境内各条河流的前列（参见表6-3），其中嘉陵江和涪江流域分别列第一、二位，沱江流域居第六位。据四川省1981年大洪水资料，在此三江地区非洪水中心区，洪水退后的泥沙淤积竟高达1m以上，可见水土流失数量之大。从表6-3还可见：金沙江是长江上游泥沙的主要来源，长江屏山水文站多年平均输沙量为2.47亿t，占上游来沙量的47%；嘉陵江来沙量居第二位，占总来沙量的31%；其次为岷江、乌江和沱江。这几条河流汇集了长江上游来沙量的95%。

表6-3 长江上游主要河流径流特征值统计

河名	测站	森林覆盖率（%）	年降水量（mm）	径流模数（m^3/km^2）	年径流深（mm）	年径流量（10^8m^3）	年输沙量（10^8t）	年侵蚀模数（t/km^2）
金沙江	屏山	13.5	995.3	9.2	300.0	1415.4	2.47	522.0
乌江	武隆	8.3	978.0	19.0	597.7	496.3	0.29	350.6
大渡河	铜街子	13.3	1576.6	19.4	616.6	506.2	0.33	433.5
青衣江	千佛岩	26.3	1580.7	44.5	1403.3	168.7	0.09	756.5

（续上表）

河名	测站	森林覆盖率（%）	年降水量（mm）	径流模数（m^3/km^2）	年径流深（mm）	年径流量（10^8m^3）	年输沙量（10^8t）	年侵蚀模数（t/km^2）
渠江	罗渡溪	15.7	1071.5	18.4	581.4	224.8	0.25	648.5
嘉陵江	北碚	16.2	1146.3	13.7	425.7	643.9	1.62	1028.0
涪江	小河坝	13.7	964.8	16.6	532.5	153.2	0.29	980.9
沱江	李家湾	9.9	1073.6	17.6	556.0	127.4	0.06	554.8
岷江	高场	5.1	1168.8	20.5	646.8	869.2	0.52	375.9
长江	巫山	8.6	986	13.9	440.0	437.8	6.38	614.0

6.4.6 中游河湖泥沙的来龙去脉

由于长江上游森林植被锐减，水土流失日趋严重，长江以年平均6亿t左右的输沙量将上游大量泥沙带到中下游，大部分沉积在荆江河段和洞庭湖内，使荆江河段河床淤积，汛期江水位高出地面13m，险象环生。洞庭湖泥沙淤积量40年来已达50亿m^3左右，加上盲目围垦，使洞庭湖面积40年里缩小了50%；并在长江中下游形成众多洲滩。因此，严重影响了长江行洪，加剧了每年汛期长江洪水对中下游地区的威胁。20世纪80年代，荆江沙市段的安全泄水量，包括松滋、太平两口约为6.1万m^3/s，而宜昌水文站近百年洪峰超过6万m^3/s的就达20多次；城陵矶附近河段安全泄水量约6万m^3/s，而城陵矶以上汇合洪峰，几个大水年均达10万m^3/s，经过湖泊和河槽的调蓄，仍超过4万m^3/s；湖口附近也只能通过8万m^3/s，都不适应上游的洪水来量。如再出现1954年或1998年的大洪水，据估算，将造成直接经济损失至少200亿元。

6.4.7 湖北省概况

地处中游的湖北省素有“千湖之省”的美称，1949年尚有湖泊1066个，但由于长期毁林开荒、围湖造田，再加上上游来沙，造成大量湖泊泥沙淤积严重，现仅存不到300个；湖面面积也减少了2/3以上，使其蓄水泄洪能力大为降低，水产品产量急剧下降，水旱灾害频繁，生态与环境恶化。目前，全省森林覆盖率为20%，且分布不均衡，主要集中在几个大林区，其中具有生态防护效益的成熟林仅占10%。全省水土流失县56个，流失面积占全省土地总面积的30%，年流失表土2亿多t。另外，长江流经湖北境内的长度为1031km，据推算，每年它的水土侵蚀量达7亿多m^3，带走的植物营养元素如氮为190万t，磷为130万t，钾为500t。

6.4.8 长江是否会变成第二条黄河

总之，长江流域由于乱砍滥伐森林，以及大量毁林开荒、陡坡耕种等原因，水土流失等自然灾害日趋严重（参见表6-4）。加之废水、废气、废渣等污染，长江流域生态环境日趋恶化。长江上游每年的输沙量已达5亿多t，几乎是黄河输沙量的1/3，这些泥沙正使长江变黄、变浑，有识之士一直在惊呼："长江有可能变成第二条黄河！"笔者认为，长江如果保护不好，其后果可能比黄河更严重。

表6-4 长江流域森林覆盖率与水土流失面积变化的对比统计

项目 / 地区		1957年统计数			1986年统计数		
		森林覆盖率（%）	水土流失面积（km^2）	占总面积百分比（%）	森林覆盖率（%）	水土流失面积（km^2）	占总面积百分比（%）
全流域		24	363000	20.2	10	739376	41.0
其中	云南	48	43198	43.3	24	70500	70.7
	贵州	24	12816	11.3	12	35300	31.3
	四川	20	93380	16.1	12	382000	67.3
	湖南	24	55880	27.6	16	56640	28.0
	湖北	24	50120	26.9	18	60100	30.0
	江西	20	11000	6.6	10	38360	23.0
	安徽	28	13686	21.3	13	19263	30.0
	江苏	16	1850	3.8	7	6100	12.3

长江干流水灾日趋频繁加重。据统计，唐代18年一次；宋、元朝6年一次；明、清朝4年一次；1931—1949年江汉平原就有16年遭受洪灾；新中国成立后虽大力治理长江河道，水灾频度仍平均4年一遇。1954年洪水最高水

位高出江汉平原714m，江汉平原一片汪洋。1981年四川省大洪水，有138个县（市）、120万亩农作物以及2000多万人口受灾，直接经济损失达25亿元。1998年长江流域更是发生全流域特大洪水，贵州、四川、湖北、湖南、江西、安徽、江苏等省遭受严重灾害，直接经济损失不可估量。

由于大量泥沙淤积长江及其各支流，河床普遍抬高，通航困难。例如，四川省20世纪60年代通航里程为1.7万km，现在仅存0.8万km；湖南省20世纪60年代通航里程为1.8万km，现在已不足1万km；湖北省现有通航里程也比20世纪60年代缩短了一半。

长江流域现有各类工矿企业15万家，主要分布在沿江城镇，年排放废污水150亿t（其中工业废水120亿t），占全国废污水排放总量的40%。长江干流21个主要城市每天排入长江的污水量达1800万t，其中工业废水1500万t。已形成城市岸边污染带累计长600km。另外，干流沿岸城市还年排放工业废渣和生活垃圾6000万t，其大多直接入江或经雨水和洪水淋冲入江。

长江水体中已监测出的污染物质多达40余种，每年排入长江的主要物质有：有机物100万t，汞、铬、铅、砷、镉等有毒有害矿物质2000t，酚和氰化物6000t，石油数万t。

6.5 防治战略措施

目前，水土流失问题是黄河、长江综合治理的要害，根本大计在于造林植被。黄河与长江两大流域愈演愈烈的自然灾害的惨痛教训说明："水溢由于沙积，沙积由于山垦"，故"治水必先治山，治山必先造林"。因此，保护和恢复森林植被，是治理黄河、长江的根本大计。

在其综合治理中，森林虽不能完全替代水利工程，但只有在一定比例（大于35%）的森林覆盖下，才能使水利工程安全、高效、延年。

森林是陆地生态系统的主体，其生态效益是以立木状态下群体的存在为条件而得以发挥的，为改变长江流域生态与环境恶化的状况，建立稳定的良性循环生态系统，必须大力恢复植被，提高森林覆盖率，建设全流域整体防护林体系。

6.5.1 保护上游水源涵养林

黄河、长江上游水土流失面积较大。因此，要把改善黄河、长江上游的水土保持列为全国的治理重点。

据测算，只有当河流的上游河源地区的森林覆盖率为50%以上时，才可涵养江河，保证常态水资源，也才能使整条黄河、长江山清水秀，水量丰稳。

因此，黄河、长江上游河源地区应一律划为水源涵养林区，严禁利用和采伐。并要尽快加强森林植被建设，以求达到生态环境最佳效应。

6.5.2 建设中上游水土保持林

黄河、长江流域水土流失最严重的地区分别在黄土高原和四川盆地周围山地等地区。由于两地区人口多、开发早、开发强度大，森林植被破坏严重，黄河、长江泥沙大多分别来自这两个地区，故必须重点治理。

营造黄河、长江中上游水土保持林，要统一规划，合理布局。在认真保护上游现有的水源涵养林、并搞好采伐迹地更新的同时，要把造林重点放在盆周山区和丘陵地区，在一切适宜植树的大小溪河两岸都种上树，在积水区的山坡地带造上林片，在丘陵馒头山顶上造上林块，在大江两岸造上林带，在溪河密布、道路纵横的广大农区造上林网，在星罗棋布的宅院空地造上林盘，在所有水库、塘堰周围造上林圈，从而形成圈、盘、网、带、块、片和点融为一体的防护林体系。

6.5.3 加强中下游农田防护林建设

黄河、长江中下游平原区应重点加强农田防护林建设，即在原有四旁树和农田林片基础上，在不占农田、不过多荫地的原则下，填平补齐、见缝插针，利用干道、田路，尽快形成区域林网（片），以发挥整体效益。

沿河土岸应尽快建立健全防冲蚀的河岸防浪林，湖泊堤垸坡面建设护坡林，河洲、水渍地建设速生树种林块。

6.5.4 营造森林水库

要注重生态恢复与生态建设，建造“森林水库”治理黄河、长江，即以生物措施为主，工程措施为辅，以求获得应有的人力物力，尽快恢复黄河、长江等主支流森林植被，实现生态系统的良性循环。

以长江流域为例，其尚待绿化的土地面积约5000万 hm^2，若以每公顷300元的造价成本计算，仅需150亿元。据科学研究，每3333 hm^2 森林所保蓄的水量，相当于一座100万 m^3 水库的库容量。当长江流域尚待绿化的土地都绿化起来后，森林蓄水量可增加150多亿 m^3，相当于两座三峡水库，而绿化所需的费用与兴建水库所需的投资相比则是微不足道的。

6.5.5　黄河流域综合治理

黄河流域综合治理必须治本（搞好黄土高原的水土保持）与治标（修建堤防、水库与滞洪区等防洪工程）并重，两者要密切配合，以求最经济有效地达到根治目的。

而治理黄土高原的总体规划应该是：①山峁和陵坡上种草；②山腰缓坡上种庄稼；③沟坡、沟头植树造林；④有条件的沟谷打坝淤地。

据水土保持部门研究，如果黄土高原能够狠抓绿化和水土保持，20 年后可减少流失泥沙 5 亿 t，下游淤积粗沙可减少 2 亿多 t。

6.5.6　长江流域综合治理

（1）建设长江上游高山峡谷区［金沙江（雷坡以上）、大渡河（石棉以上）、岷江（龙溪以上）、白龙江（武都以上）地区，总面积 3900 万 hm^2，占流域总面积的 24%］水源涵养林体系。本地区现原始森林覆盖率达 20%，林地面积 870 万 hm^2，立木蓄积量达 13 亿 m^3（占长江流域总量的 50%）。千百年来，长江依此森林涵养水源。据测算，只有当此地区森林覆盖率为 50% 以上时，才可涵养水源 3000～4000 亿 m^3（占长江径流总量的 30%～40%），也才能使整条长江山清水秀、水量丰稳。故应尽快保护和建设森林系统，采取强制性措施，如限制采伐量；采伐地限制在坡度 25°以下，并及时更新；将坡度 35°以上划为森林水源涵养林区；长江大支流上游、二级支流源头划为水源林，并停止采伐；干流、大支流坡面划为护岸林。

（2）建设中上游水土保持林体系。长江流域水土流失最严重的地区在四川盆地周围山地、乌江流域和秦巴山地等上游地区，总面积约 5900 万 hm^2，占长江流域总面积的 36%。由于本地区人口多、开发早、开发强度大，森林植被破坏严重（现有林地面积 1200 万 hm^2，森林覆盖率仅为 15%），川北又是长江流域最大的暴雨中心，长江泥沙的 65% 来自本地区，故必须重点治理。

6.6　展望

防治水土流失和保护生态环境，必须注重生态建设。黄河、长江水土保持防护林体系工程要精心规划设计，同山、水、田、路及工程措施相互结合，形成一个统一的综合体系和新的生物地理群落。

黄河与长江两大流域防护林体系建设既是重大的国土生态建设工程，同时也是重大的资源建设工程。整体防护林体系建成后，黄河与长江两大流域的森林覆盖率可望达到 20%～30%，从而可以起到增加蓄水、减少径流、延缓汇流时间的作用，同时也防止了河水的暴涨暴落；如果把湖泊都保存下来，就能滞洪蓄洪，减免水患，就能保住这一十分有限的宝贵的水土资源。

第七章　20世纪长江流域水土流失调查研究

7.1　长江流域生态危机

长江素有“黄金水道”的美誉。大江总体西东流向，贯穿了中国地形西高东低的三大阶梯。上游金沙江四川省宜宾以上，总落差3000多米。其源头远在青藏高原的唐古拉山格拉丹冬雪山南侧，海拔6620m。江源沱沱河(350km)海拔5000m以上。干流湖北省宜昌以上称上游（4500km），流域面积100万km^2。宜昌至江西省湖口称中游（950km），流域面积68万km^2。湖口以下称下游（930km），流域面积12万km^2。长江全长6300多千米。

20世纪以来，长江河流健康受到严重威胁。在全国七大流域中，长江流域的水土流失面积居首位。长江上游水体悬移质泥沙较重，并有沙砾和卵石推移质［宜昌水文站（以下同）实测多年（1950—2000年，以下同）平均沙砾输移874万t/a，卵石输移75.8万t/a］。虽然长江含沙量较少（1.14kg/m^3），但流量大（年均14300m^3/s）、水量丰（年均水量4382亿m^3），故输沙量大(5.01亿t/a)，居世界第四位。长江流域环境恶化与生态危机已越来越成为制约流域社会与经济发展的决定因素。其主要表现为：大面积山丘、湿地、水系生态恶化，水土流失严重，水旱灾害频繁。水土流失与湖泊湿地消失已成为长江流域最严重的生态环境问题。

2010年8月7日，正值长江流域汛期，地处白龙江畔的甘肃甘南藏族自治州舟曲县因大雨发生特大泥石流灾害，泥石流势若狂涛，5km长、500m宽的城区顷刻化为残垣。2000多人不幸遇难，2万多间房屋被毁，震惊世界。虽事发突然，但从自然科学角度分析，是有其必然因素的，是在数十年前早有调查研究的。不幸的是，由于疏忽，人们丧失了居安思危的警惕性，思想上因循守旧，没有引起注意，更未采取防范地质灾害的对策以减轻损失。

本研究系统地揭示了长江流域水土流失情况及其原因，以提高人们的认知和防范意识。

7.2　长江流域水土流失概况

水土流失是人类活动和自然因素的综合效应。长江流域是我国水土流失严重的区域之一，全流域水土流失面积达 62 万多 km^2。据 2004 年调查统计，大型开发建设项目造成的水土流失是原生水土流失的几十到上百倍。长江流域每年因开发建设活动新增水土流失面积在 $1000km^2$ 以上，侵蚀量大，危害十分严重。至今还有 1/3 的水土流失面积没有得到有效治理。

7.2.1 水土流失成因

长江中上游地区因农牧业过度无序开发，森林植被遭到人为破坏，造成大量水土流失，导致河床、湖底淤积，航道变浅，降低了湿地的蓄洪能力。例如，洞庭湖多年（1950—2000 年，不含推移质部分）平均入湖沙量 1.67 亿 t。鄱阳湖年均泥沙淤积约 710 万 t。水库是重要的人工湿地，全国 1/4 以上水库因泥沙淤积而功能锐减，说明了水土流失危害的严重性。

7.2.2 湖泊泥沙淤积与湿地消失

长江中下游平原地区从湖北宜昌到江西湖口，全长约 950km 的干流区域集中分布着众多湖泊（湿地）：①四湖（长湖、三湖、白露湖和洪湖）湿地 1995 年约为 $2730km^2$（1955 年为 $8258km^2$）。②洞庭湖湿地 1995 年为 $2623km^2$（黄海基面水位 31.5m，容积 167 亿 m^3；1949 年为 $4350km^2$）。③鄱阳湖湿地 1999 年为 $3872km^2$（吴淞基面水位 21.0m，容积 262 亿 m^3；1954 年为 $5053km^2$）。以上各湖区面积在约 45 年内由于泥沙淤积及开发而消减过半，以至数倍。反观上述长江流域水土流失三次调查的数据，洞庭湖、鄱阳湖年均淤积量分别为 2.25 亿 t 及 970 万 t。泥沙搬家，从山上到湖底，来龙去脉十分明晰，雄辩地验证了长江流域湖泊湿地消失的面积大、速度快、损害重。又据 20 世纪 80 年代实测计算资料显示：洞庭湖年均入湖沙量 1.45 亿 m^3（约 2 亿 t/a，1990 年长江葛洲坝工程建成以前的资料），其中 83.5% 来自长江；鄱阳湖年均淤积 710 万 t。这两组不同时期的资料反映出在天然情况下，两大湖的泥沙淤积实况，与湿地消失相印证。

7.3 水土流失调查研究

7.3.1 研制“长江流域土壤侵蚀模数等值线图”

长江流域水土保持工作从 1952 年开始起步，为了摸清长江流域水土流失的基本情况，汪占冕工程师搜集、整理了长江流域有关河流、水文、泥沙、土壤、植被、地形、地貌、水土保持等的调查、查勘报告，在资料不完整、条件不完备的情况下，经分析、计算、研究，编制成首张“长江流域侵蚀模数等值线图”（详见图 7－1）。图 7－1 显示：

（1）侵蚀高区有金沙江下游区［M＝800～1500t/（a·km^2）］、涪江中下游区［M＝700～1700t/（a·km^2）］、渠江中上游区［M＝2100～2500t/（a·km^2）］、嘉陵江上游区［M＝1280～2000t/（a·km^2）］、赤水河中上游区［M＝700～800t/（a·km^2）］、丹江中上游区［M＝500～2500t/（a·km^2）］、唐河滚河上游区［M＝200～600t/（a·km^2）］。

（2）侵蚀低区有岷江、沱江、涪江上游区［M＝50～300t/（a·km^2）］、嘉陵江中上游区［M＝100～300t/（a·km^2）］、长江中下游区［M＝100～300t/（a·km^2）］。

（3）洞庭湖区除本水系（湘江、资江、沅江、澧水四水）水土流失之外，主要受到长江经四口（松滋、太平、藕池、调弦，1959 年调弦口封堵，而出口为岳阳城陵矶一口）倒灌吞入的水和沙（占淤积沙量的 80%以上），计算得 M＝－3200t/（a·km^2），即年均淤积量约 2.25 亿 t。

（4）鄱阳湖区接纳赣江、抚河、信江、饶河、修水五条江河来水，仅湖口一处与长江相通，故不受或少受长江的水沙影响。计算得 M＝－390t/（a·km^2），即年均淤积量约 971 万 t。

长江水利委员会在随后的 30 年（1957—1986 年）间，进行过三次大规模的水土流失调查。

7.3.2　全流域三次水土流失普查

1957 年、1985 年和 1986 年，长江流域［包括青海、云南、贵州、陕西、四川、湖南、湖北、江西、安徽、江苏、浙江、广西、甘肃等 13 个省（自治区）及西藏昌都地区］水土流失调查成果详见表 7－1。

表 7－1　长江流域水土流失调查统计

序次	年份	流失面积（km^2）	占流域面积（%）	土壤侵蚀量（亿 t）	备　注
1	1957	36.4×10^4	22.4	24.5	
2	1985	56.2×10^4	32.1	22.4	
3	1986	73.9×10^4	77.0	23.0	其中水蚀 $57\times10^4km^2$

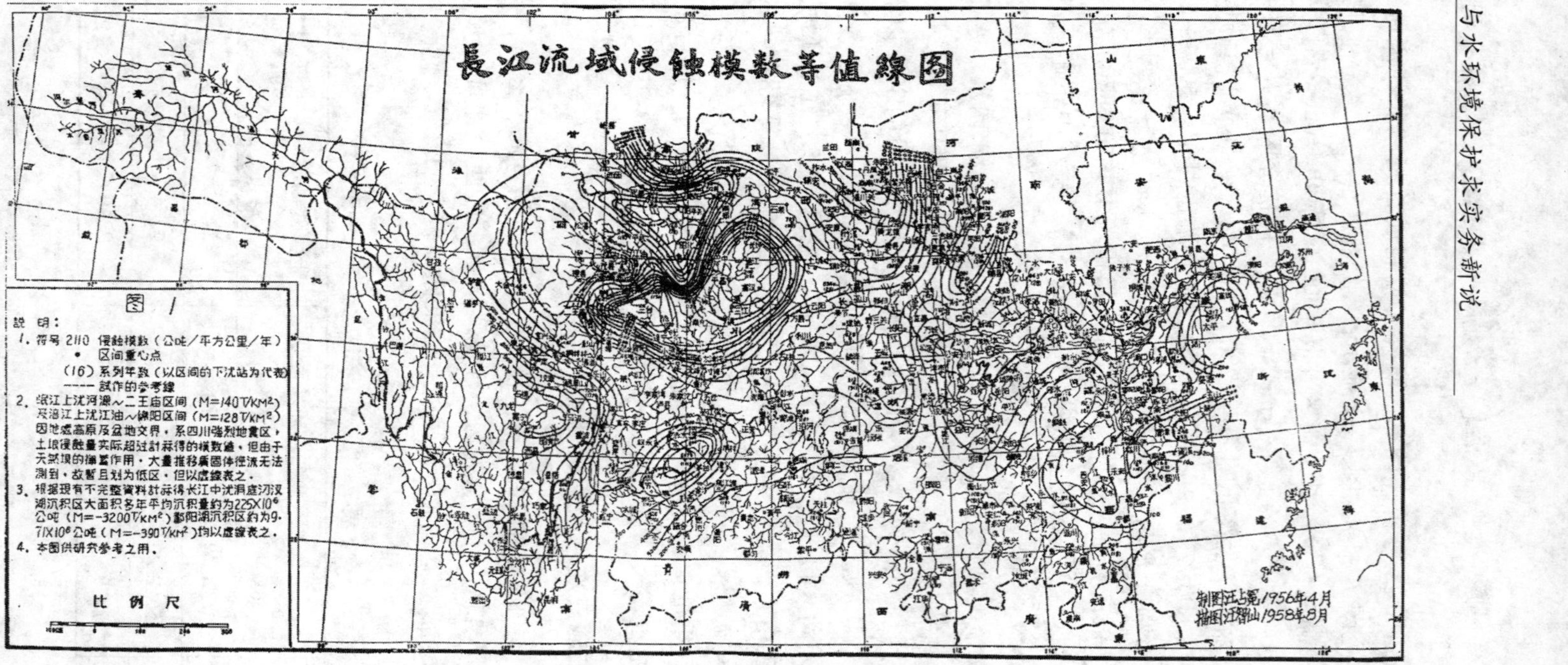

图 7-1　首张长江流域侵蚀模数等值线图(1956 年)

资料来源：见汪占冕，长江流域侵蚀模数等值线的编制和分析，北京：地理学报，1958 年，第 4 期。

根据调查成果研究分析：①1956 年的首张“长江流域土壤侵蚀模数等值线图”基本正确，为长江流域水土保持研究打下了基础。②长江上游幅员辽阔，自然因素的地域性差别大，水力侵蚀中的面蚀，量大面广，发生在荒山荒坡、疏幼林地及坡耕地上，是主要侵蚀类型。沟蚀及重力侵蚀次之。③20 世纪 50—80 年代，长江流域各地的水土流失不同程度地存在着加剧的趋势。经过 10 多年加强治理及葛洲坝工程建成拦沙，到 20 世纪 90 年代末，除少数省（自治区）外，基本上遏制住了加剧恶化之势，水土流失面积数量较为稳定，但还不见有大的好转。

7.3.3　第一次（1957 年）调查

从调查的 13 个省、自治区统计结果分析，长江流域水土流失面积 36.4 万 km^2，占流域总面积的 22.4%，年土壤侵蚀量约为 24.5 亿 t。其中荒山荒地约占 78%，坡耕地约占 18%，经济林地约占 4%。就面积而言，土壤侵蚀主要发生在荒山荒地。流失面积最大的是四川省。

7.3.4　第二次（1985 年）调查

（1）长江流域水土流失面积已达 56.2 万 km^2，占流域总面积的 32.1%，年土壤侵蚀量约为 22.4 亿 t，居全国各大流域首位。重点流失区：上游集中在金沙江下游，嘉陵江、沱江流域，乌江上游，三峡库区等地；中游包括汉江上游，清江、澧水中上游，湘江、资水中游，赣江中上游和大别山南麓诸水系的中上游。

（2）轻度和中度（组）水土流失面积约占流域水土流失面积的 71.2%，而其土壤侵蚀量约占流域土壤侵蚀总量的 40.4%；与之对比，强度和强度以上（组）的数据分别为 28.8% 和 59.6%。

（3）按各大水系统计，以金沙江流域水土流失面积最大，达 13.54 万 km^2，以下依次为嘉陵江、汉江。而水土流失面积占集水面积的比重，则以沱江最大，为 58.4%；嘉陵江次之，为 57.8%。水土流失面积比重在 30% 以上的主要水系尚有汉江、岷江和清江。

7.3.5　第三次（1986 年遥感）调查

（1）流域土壤侵蚀面积达 73.94 万 km^2，其中水蚀 56.97 万 km^2，占 77%；风蚀（发生在青海和江西北部）5.25 万 km^2，占 7.1%；冻融侵蚀（发生在四川西部、青海、西藏、云南、甘肃）11.72 万 km^2。

（2）水蚀面积中，轻度侵蚀 23.15 万 km^2，中度侵蚀 18.9 万 km^2，强度侵蚀 11.40 万 km^2，极强度侵蚀 3.15 万 km^2，剧烈侵蚀 0.37 万 km^2，都与 1985 年调查结果较接近。

(3) 土壤侵蚀的危险程度：属无险型的占 42%，较险型和较险型以上的占 58%。

从以上调查统计结果不难看出，20 世纪 50～80 年代，长江流域各地的水土流失不同程度地存在着加剧的趋势。20 世纪 90 年代以来，经过 10 多年的加强治理，到 20 世纪 90 年代末，除少数省份外，全流域已基本遏制住了水土流失加剧之势，流失面积较为稳定。但还未有大的好转，距离根治目标还很遥远。

7.3.6 长江上游水土流失严重

长江流域水生动物及陆生动植物资源十分丰富，上游区是我国第二大林区，本来森林植被丰茂，是水资源保护的重要保障。20 世纪以来，森林植被遭到农牧垦殖而减少，土壤侵蚀面积与强度不断增大，生态环境遭受严重破坏。例如，四川省森林覆盖率由 20 世纪 50 年代的 20%，下降到 20 世纪 80 年代的 12%，加上地质构造原因、地震、滑坡、泥石流、堰塞湖等灾害，水土流失加重。上游水土流失面积 35.5 万 km^2，占全流域水土流失总面积的 62.6%（参见表 7-2）。

长江流域已演变成中国水土流失程度仅次于黄土高原的又一严重地区，水土流失面积 1986 年曾达到近 74 万 km^2，占流域总面积的 41%，年侵蚀土壤约 30 亿 t。三峡库区森林覆盖率低（各县为 7.5%～13.6%），水土流失严重。森林树种单一，林木结构简单，多为纯林，如马尾松占 70%，且多为幼林，滞流效果低。

表 7-2　长江上游地区土壤侵蚀模数分级统计

多年平均模数 $t/(a \cdot km^2)$	面积		多年平均输沙量		主要分布地区（河流流域）
	万 km^2	占宜昌站%	万 t	占宜昌站%	
≥3000	4.4	4.4	16642	31.6	①渡口至屏山区间，②中游，西汉水
2000～3000	0.2	0.2	610	1.2	小江
≥1000～2000	9.9	9.9	13328	25.3	②下游，③中游，④上下游，⑤下游，⑥上游，⑦上游，⑧，安宁河，美姑河，黑水河，西溪河

（续上表）

多年平均模数 t／（a·km²）	面积		多年平均输沙量		主要分布地区（河流流域）
	万 km²	占宜昌站%	万 t	占宜昌站%	
≥500～1000	21.0	20.9	11151	21.2	⑤，⑥上游，⑧，⑨上下游，⑩上游，⑪下游，东河，川江
≥200～500	22.1	22.0	8036	15.3	①，③中游，⑤上游，⑥中游，⑦中下游，⑨下游，⑩中下游，⑪中游，赤水河
<200	42.9	42.6	2833	5.4	①，③上游，④上游，⑨中游，⑪上中游，⑫上游，成都平原
合　计	100.5	100	52600	100	

注：①金沙江；②白龙江；③大渡河；④嘉陵江；⑤岷江；⑥渠江；⑦涪江；⑧横江；⑨乌江；⑩沱江；⑪雅砻江；⑫普渡河。

资料来源：见水利部长江水利委员会，长江三峡工程技术丛书，武汉：湖北科技出版社，1997 年。

7.4　水土流失的特征

7.4.1　面蚀是水力侵蚀中的主要原因

水土流失中的水力侵蚀（包括面蚀、沟蚀、溶蚀及河流侵蚀等）特别是面蚀最为普遍，广泛分布在坡耕地、荒山荒坡及疏幼林地上。据调查，全流域坡耕地约 1070 万 hm^2，宜林荒山荒坡和疏幼林地面积约 2830 万 hm^2，有些陡坡地和荒坡的年土壤侵蚀模数甚至高达 10000t/km^2 以上。

7.4.2　水土流失的主要分布地区

（1）上游地区水土流失面积为 35.2 万 km^2，占全流域水土流失面积的 62.6%；土壤侵蚀量 14.1 亿 t/a，占全流域年土壤侵蚀总量的 62.9%。主要集中在金沙江下游，嘉陵江、沱江流域，乌江上游及川东、重庆、鄂西的三峡库区。上游宜昌站多年平均输沙量 5.3 亿 t，其中金沙江来沙量占 45.3%，嘉陵江来沙量占 27.4%。

（2）中游地区，位于秦巴山地的汉江上游，湘鄂山地的沅江中游，澧水、清江上中游，江南红色丘陵的湘江、资水中游和赣江中上游。大别山南麓的倒、举、巴、浠、蕲、皖诸水中上游，水土流失也较严重。

7.4.3 水土流失与森林植被关系紧密

20 世纪 40 年代，长江上游森林覆盖率曾达 30%～40%；1957 年为 22%，水土流失面积为 36.4 万 km^2；1986 年森林覆盖率下降至 10%，水土流失面积猛增至 73.9 万 km^2；1996 年森林覆盖率为 13.9%，水土流失面积为 61.3 万 km^2。由此可见，森林植被对防护水土流失的重要作用和对水土保持的重大功能。

7.4.4 长江源区水土流失严重

青海省境内长江流域的水土流失面积达 10.63 万 km^2，占省内长江流域面积的 67%，其中水力侵蚀面积 19031km^2，冻融侵蚀面积 34938km^2，风力侵蚀面积 52346km^2。滥伐林木，过度放牧，淘金、挖矿及采药等人为造成的水土流失面积已达 930km^2。水土流失地区主要分布于玉树县、治多县。此外，长江源区由于植被破坏和水土流失，青海省沙漠化面积已达 1252 万 hm^2，潜在沙漠化面积 98 万 hm^2。

7.5 展望

新中国成立之初，接管了旧社会遗留的水文、泥沙测验的烂摊子，积极地收集残存的测验资料，整编刊印，系统成册，调整布设网站，充实人力物力。长江流域水土保持工作开始从无到有，一路走来。新中国成立初期曾经历地方性群众围湖造田、毁林开荒等破坏环境的错误做法，走了一些弯路，影响极大，损失不小。但后来经过统一认识，纠正错误，各项工作都取得了一些有益成果，进步较快。今后还应加倍努力，加紧稳固，在现有基础上，进一步提高。

长江主要产沙河流金沙江、嘉陵江、白龙江等，以及三峡库区，水土流失都十分严重；长江源区是长江流域的特殊生态功能区，其生态环境的好坏至关重要。上述地区均应列为水土保持治理重点，因此要加速植树造林和水土流失治理工作。

第八章　三峡工程对生态环境的影响与对策

8.1　长江三峡工程概述

长江三峡是瞿塘峡、巫峡、西陵峡三大峡谷的总称。三峡工程位于西陵峡中段，宜昌市三斗坪，其下游距葛洲坝水利枢纽约40km，坝址以上控制流域面积约100万km^2，占全流域总面积的55.6%，多年平均径流量4500亿m^3，该工程于1993年正式开工，经过17年的艰辛奋斗，于2009年圆满完工。

三峡工程施工之前，长江的泥沙问题和流域生态环境问题，长期以来就是世人特别关注的核心问题。完工后仍然吸引着国内外众多专家、学者的高度重视，进行观测、鉴证、试验研究及跟踪探索。

8.2　三峡工程控制地区的产沙分析

根据长江上游178个水文站的历年悬移质泥沙测验资料进行区间侵蚀模数计算显示：模数小、产沙量小的地区，面积很大；而模数大、产沙量大的地区，面积很小，显示出自然的金字塔型（详见第二编第七章表7-2）。三峡水库上游顺序有7大江河干支流（金沙江、岷江、沱江、嘉陵江、横江、赤水河、乌江），其中金沙江（水1430亿m^3/a，沙2.45亿t/a）和嘉陵江（水701亿m^3/a，沙1.36亿t/a）合计多年平均径流量2131亿m^3/a，输沙量3.81亿t/a，分别占宜昌水文站的48.6%和72.8%。强产沙区主要分布在金沙江下游、岷江下游、大渡河中游、嘉陵江支流西汉水、白龙江等流域地区，面积约占宜昌以上流域面积的14%。

8.3　三峡水库“蓄清排浑”的调度方式及水沙情势

8.3.1　三峡水库的常规调度运行方式

三峡水库属峡谷河道型，库容有限，且是不靠汛期蓄水的季调节水库。其常规调度按照满足防洪、发电、航运、排沙和环境保护等的综合要求，进行水库调度。

每年的5月末至6月初，水库水位降至防洪限制水位145m，水库就维持在此低水位运行。超过电站过流能力的水量，通过泄洪坝段下泄。仅当入库流量超出下游河道安全泄量时，水库才临时应急拦洪蓄水，使库水位抬高；洪峰过后，库水位仍降至145m运行。

每年10月份，水库开始蓄水，库水位逐步升高到175m运行，11月份（少数年份蓄水过程延续到11月份）至次年4月底，水库尽量维持在较高水位，使水电站按电网调峰要求运行。当入库流量低于电站对流量的要求时，就动用调节库容，于是库水位下降，但4月末以前库水位不能低于155m。

8.3.2 三峡水库建库前后的流量、泥沙变化

三峡水库控制调节流量，上、下游的水沙情势将发生变化，运行约100年、达到冲淤平衡状况前，部分泥沙在库内淤积，下泄水中含沙量降低。每年汛期（6—9月），水库水位降至汛期限制水位145m运行。一般情况下，下泄流量与天然情况相同。10—11月，水库蓄水，下泄流量与天然河道比有所减少；枯水季节（1—5月），根据发电和通航要求，水库下泄流量略有增加。

三峡建库后，长江宜昌水文站（上游）和大通水文站（下游）各月平均流量虽有所变化，但仍在天然月流量变化范围之内；除10月份因水库蓄水，下泄流量减少较大外，其他各月变化幅度均不大，因此是天然径流的人工优化。建库前后年入海总水量保持不变（参见表8－1、表8－2）。

表8－1 三峡水库建库前后宜昌水文站流量变化情况

月份	建三峡水库前		建三峡水库后	
	多年月平均流量（m^3/s）	月径流量占年径流百分数	多年月平均流量（m^3/s）	月径流量占年径流百分数
1	4220	2.5	5390	3.2
2	3780	2.0	5540	3.0
3	4240	2.5	5720	3.4
4	6540	3.8	6179	3.6
5	12340	7.3	16100	9.6
6	18200	10.4	18670	10.8
7	30980	18.4	30460	18.2

（续上表）

月　份	建三峡水库前		建三峡水库后	
	多年月平均流量（m^3/s）	月径流量占年径流百分数	多年月平均流量（m^3/s）	月径流量占年径流百分数
8	28670	17.0	26500	17.0
9	26630	15.3	26360	15.3
10	18980	11.3	11090	6.6
11	10480	6.0	9780	5.7
12	5970	3.5	6080	3.6

注：表中建库前多年月平均流量按 1946 年 6 月至 1976 年 5 月实测资料统计计算。

资料来源：见水利部长江水利委员会，长江三峡工程技术丛书，武汉：湖北科技出版社，1997 年。

表 8－2　三峡水库建库前后大通水文站流量变化情况

月　份	建三峡水库前		建三峡水库后	
	多年月平均流量（m^3/s）	月径流量占年径流百分数	多年月平均流量（m^3/s）	月径流量占年径流百分数
1	10630	3.1	11200	3.3
2	10710	2.8	11860	3.2
3	14420	4.2	15080	4.4
4	22260	6.3	21890	6.3
5	34690	10.2	38450	11.3
6	41060	11.7	41530	11.9
7	49730	14.6	49210	14.5
8	45480	13.4	45310	13.4
9	41210	11.7	40940	11.7
10	36010	10.6	30490	9.0
11	24880	7.1	24180	6.9
12	14710	4.3	13990	4.1

注：表中建库前多年月平均流量按 1946 年 6 月至 1976 年 5 月实测资料统计计算。

资料来源：见水利部长江水利委员会，长江三峡工程技术丛书，武汉：湖北科技出版社，1997 年。

三峡水库来沙主要集中在汛期。为防洪需要，大坝设有一批低高程(90m）的泄洪深孔及电站坝段附近的9个排沙孔。水库汛期维持较低水位运行，采取“蓄清排浑”的运行方式，可以长期保留有效库容。三峡水库建成初期，由于大坝拦截，部分泥沙将淤积在水库内，初期的排沙比为30%～40%，小于0.01mm的泥沙不落淤。

8.3.3 三峡水库来沙特征和应对调度

根据多年实测资料统计，三峡枢纽水文泥沙主要控制点寸滩和宜昌水文站的悬移质平均年输沙量分别为460Mt和530Mt，多年平均含沙量分别为1.32kg/m^3和1.20kg/m^3。

针对三峡水库来水来沙集中在汛期的特点和水库特性，三峡水库采用汛期降低水位以排沙，枯水季节蓄水以兴利的“蓄清排浑”调度运行方式。经数学模型计算表明，运行100年后，冲淤基本平衡，可保留防洪库容约85.8%，调节库容约91.5%。因此，保存水库有效库容采用科学技术合理的运行方式是关键所在。

8.4 三峡工程对有关湖区的有利影响

由于三峡水库调蓄作用，进入长江中下游河道的水沙条件改变：枯水期流量增加，有利于中下游航运条件的改善；中等水流量历时加长，洪峰削减，流量变幅减小，有利于防洪；下泄水流含沙量明显减小，水流含沙为了恢复饱和，长程冲刷，降低水位，减小比降，以达到新的动态平衡。这一冲淤调整变化过程极缓慢，自上游而向下游发展，恢复范围长（延伸约1100km）。其特点是：①低、中水位降低幅度大，高水位影响小；②在江与湖的汇流段其低、中水位降低亦即水流动力因素的增大，又促进了江湖关系的进一步改善与调整，直至稳定状态。

三峡水库防洪库容221.5亿m^3，能有效地控制长江上游的洪水，对中下游平原区特别是荆江地区的防洪起到重要作用。水库运行，采用“蓄清排浑”方式，但水库泥沙淤积量仍较大。据估算，运行初期排沙比约30%，运行100年后排沙比达85%，水库冲淤基本平衡。水库拦蓄了大量泥沙，下泄的沙量减少形成水流挟沙不饱和流态，即“清水下泄，河床下切”，将引起下游河道水流补偿性的粗化冲刷而扩大河槽。形成冲刷行程长，冲刷深度不大，中低水相对降低多（约2m）。因此，相同流量下的水位将降低，据分析计算，三峡工程下游各地在一定流量下的水位下降值见表 8－3。这对中游平原地区防洪、排涝和排渍都有利。

表 8－3　三峡工程下游水文站的水位下降值（流量为 5000～7000m^3/s）

项　　目	宜　昌	沙　市	新　厂	监　利	螺　山	汉　口
与三峡大坝距离（km）	6.2	153.7	220.9	310.3	426.6	628.2
水位下降值（m）	1.9～2.0	3.0～3.6	3.0～4.2	2.9～3.3	2.1～2.4	0.8～1.1
工程运行期（a）	10	20～30	30～40	40～60	60～70	80～90

注：宜昌水文站是与 1973 年的设计线比较值，其他水文站是与 1981 年水位比较值。

资料来源：见三峡工程泥沙专家组，长江三峡工程“九五”泥沙研究结合分析，北京：知识产权出版社，2002 年。

三峡工程有效地增大了长江中下游防洪调度的灵活性和可靠性，特大洪水须动用分、蓄洪措施时，经水库调蓄后为分、蓄洪区人员撤离赢得了时间，可避免伤亡，直接减少了中下游平原湖区及鄱阳湖分洪的负担和损失。而当两湖水系发生大洪水时，可调控三峡水库，减少泄量，错开洪峰以降低湖口水位，有利于湖水排江。

8.4.1 中游四湖得到保护

由于三峡工程的控制运行，可使荆江河段防洪标准从现在的十年一遇提高到百年一遇，即不启用分洪工程，沙市可不超过设计分洪水位（44.49m，1980 年改为 45.00m，吴淞基面），荆江河段可安全行洪。

水库的季调节运用，使枯水季节（每年的 1～5 月）下泄流量大于原天然河道泄量（大 1000～2000m^3/s），而荆江流量基本保持 5000m^3/s。由于河床下切，水位仍在原天然河道水位变幅以内；汛后 10 月份起，水库蓄水，下泄流量比原天然河道泄量小（小 5000～8000m^3/s），水位也有降低，利于四湖向长江排除渍涝。因此，水库调度运用不至于加剧四湖地区农田潜育化或沼泽化，而是有利于降低四湖水位和农田地下水位。这使一些地势高的滩地露出，芦苇水草丛生，候鸟群居，生态环境改善，也有利于消灭钉螺，防治血吸虫病。

8.4.2　洞庭湖区受保护作用巨大

洞庭湖区总面积为 18730km^2，高程为 26～43m。近代以来，由于淤积围垦，容积面积大减，形成过水性湖泊，接纳湘江、资江、沅江、澧水和长江三口（松滋口、太平口、藕池口）的汇入，由城陵矶注入长江。

三峡工程建成后，江与湖的联通关系将发生重大变化，大坝下游荆江河道发生长距离冲刷，水位降低，分流量加大，因而减少了长江三口分流入洞庭湖的水和沙量。据长江水利委员会长江科学院模型试验，从运用后的第1～10年沙量将减少到3780万t（减少59%），第41～50年将减少到3770万t（城陵矶出湖沙量仅占入湖沙量的1/4左右）。从而减轻湖区的洪水威胁，延缓湖体的淤积（据估算，水库运用82年后，可减少约40亿m^3的沙量），改善湖泊生态，延长洞庭湖寿命。水库运行同上节所述，城陵矶水位在汛期前后都对农田湿地的排涝排渍有利。

江洪出峡奔江汉平原直泄，历次冲开南岸四口分流入洞庭湖区，终成复杂的河网化的江湖关系。近50年来，洞庭湖已严重衰萎，不堪重载，汛期只要四水之一“发难”，湖周即发水泛滥，百姓遭殃。今后有三峡工程护顶，下荆江裁弯清道增流引领，洞庭湖承压相对减轻，加上退田还湖，平垸行洪，便可找回其蓄水库的功能。

8.4.3 对鄱阳湖区的保护作用

鄱阳湖区现有耕地面积约3730km^2，主要耕作区地面高程在16m以上，16m以下属湖、洲草滩地，仍保持调蓄功能。

鄱阳湖水位变化受江西省5条江河（赣江、抚江、信江、饶河、修水）及长江倒灌来水的影响。湖区暴雨期在每年的4—9月，以5—6月几率最大。多年平均进湖沙量（悬移质）2104万t/a，其中来自5条江河的1834万t（赣江1152万t，信江242万t），占87.2%。据湖口水文站44年（1955—1998年）资料统计显示，有37年发生倒灌，其入湖水量为25.6亿m^3/a，而以1991年倒灌流量13600m^3/s为最大。倒灌多出现在5条江河汛期过后的7—9月，湖口水位多在19m以下。鄱阳湖所有入湖洪峰与长江洪峰基本不相遇。由此可见，鄱阳湖不仅对5条江河洪水有很大的调蓄作用，而且对长江洪水也一样，因此鄱阳湖出流对长江洪水下泄有一定的顶托影响。鄱阳湖汛期高水位长达半年之久。

8.4.4 对中下游湖泊生态环境的有利作用

三峡工程对各大湖区防洪的巨大利益如上所述。此外，长江及其周围湖群是以长江中下游区域为主的我国生物多样性的关键地区之一，也是世界自然基金会确立的旨在拯救地球上急剧消失的生物多样性优先保护“全球200”计划中的233个（其中包括136个陆地生态区、36个淡水生态区和61个海洋生态区）优先保护的生态区之一。该区域作为大量珍稀水禽和洄游鱼类赖以生存的栖息地，具有独特的、无可替代的生物多样性价值，同时由于处在高强度人类开发区，承受着农业开发及城市化的冲击和大规模水利建设的影响，生态环境十分脆弱，湖泊保护和区域人类活动的矛盾非常突出。

三峡水库水位随洪枯季节调蓄变化，水位变幅达30m，这对库区生态无益。但对稳定下游水位流量如上所述，作出了贡献。荆江干堤上早于20世纪50年代开始，建有万城、观音寺、洪湖等大型排灌站，直接沟通长江（曾考虑引淤固堤）。中下游平原湖区或排或灌，湖水有充有换，促使水生生物生长繁茂，为水体稀释自净，消纳污染提供有利条件，减免了因水土流失带来的淤积，改善和缓解了上述脆弱的生态环境。

8.5　三峡工程对生态环境的不利影响与对策

8.5.1　泥沙淤积影响库尾洪水位升高

据计算，当三峡水库蓄水至175m时，回水位会影响到重庆市。水库运行100年后，长寿区以上淤积量占总淤积量的3.6%左右，遇百年一遇洪水，重庆市洪水位为199.09m，较天然水位抬高4.79m（有1～3m的变幅）。如考虑上游其他水库的联合拦沙调洪作用，水位还可降低。

变动回水区长约130km，淤积影响较大的主要是重庆江段。水库运行数十年后，该江段出现的主要问题是港口码头的淤积碍航和影响港区作业。对策是通过水库调度、河床整治、港口改建及疏浚等措施予以解决。

8.5.2　引发库尾淤积库岸不稳定

修建三峡水库，除了淹没土地632km^2、房屋3479.5万m^2，受淹人口约84.62万人等损失外，又带来泥沙在库尾淤积可能影响重庆江段的航道和港区。泥沙模型试验结果表明：重庆河段处于变动回水区的末端和中上段，将发生不同程度的泥沙累积性淤积，其分布均集中在弯道凸岸边滩、宽阔分汊河段的回流缓流区、天然沱湾区和深潭段。因库尾淤积而抬高水位，可能增加库岸不稳定现象及碍航。

8.5.3　泥沙淤积对大坝引航道及电站的影响

根据实体模型试验，水库运行30年后，上游引航道年碍航淤积量最大为

$1 \times 10^5 m^3$；下游引航道为 $2 \times 10^4 \sim 1.8 \times 10^5 m^3$。可采取疏浚措施解决。水库运行 81～90 年后，上、下游引航道年碍航淤积量分别为 $3.6 \times 10^5 \sim 1.01 \times 10^6 m^3$ 与 $7.9 \times 10^5 \sim 1.39 \times 10^6 m^3$。可采用冲沙及防淤、减淤、清淤等措施解决。

在电站前 45m 处，有数台机组的泥沙淤积高程超出进水口，可运用排沙孔放水冲沙予以解决。

8.5.4 新的水环境变化的压力

三峡水库改变了天然的水流条件，流速减缓，不利于污染物的扩散自净。加上移民扩大耕地、大兴土木、破坏植被，促成水土流失，加大排污量等，势必加重对库区土地资源及生态环境的压力。

8.5.5 对中下游平原湖区的影响

长江中游四湖地区南缘长江，北绕东荆河，面积 1.1 万 km^2，耕地 $4530km^2$，人口 450 万。该地区原有能直接外排的大小涵闸 10 余座，总设计流量约 $2000m^3/s$，其中排入长江的为 $1700m^3/s$。沿江主要排水闸 4 座（新滩口闸、新堤大闸、新堤老闸和田关闸）。直接外排的一级电排站有 14 处（螺山泵站、南套沟站、高潭口站、半路堤站、新滩口泵站等），装机容量 8.294 万 kW，设计流量 $950.3m^3/s$；二级泵站 385 处，装机容量 11 万 kW，设计流量 $1580m^3/s$。

三峡建水库后，每年的 6—9 月，一般洪水年建库前后的下泄流量基本保持不变，四湖地区排涝排渍情况跟建库前一样。正值地区涝渍害的成灾季节，需排水量大，而长江水位高，自排受阻，区内积水主要依靠电排。地区排涝排渍的便利条件之一是三峡水电站提供的廉价而充足的排灌用电，电排大有发展前途。10 月份下泄流量比建库前减少，沿江水位将比建库前低，排水闸的自排水量较建库前增加，排水有利。11—12 月，建库前后的下泄流量相同，排水情况不变。次年的 1—5 月，流量加大引起水位抬升，根据丰、平、枯三种典型年三峡水库调度资料推算，新滩口闸外长江水位与建三峡大坝前相比，1—5 月升高 0.20～1.23m。据湖北省地质局钻孔资料，长江水位对四湖地区承压水的影响范围很有限。

此外，还应考虑由于坝下游河床发生普遍冲刷致使水位下降的因素，所以总的情况对低湖田的改良有利，土壤潜育化、沼泽化的威胁也会减轻，并可加速四湖地区农业生产基地建设。

三峡水库建成运行后，在不同时段对洞庭湖和鄱阳湖地区土壤的潜育化、沼泽化将产生不同程度的影响。

土壤潜育化、沼泽化的对策：①加强监测，以便及时发现问题，采取区域治水和改善垸区排灌系统等措施，应用四湖地区的经验，大力发展电排。②改良低产田，调整作物布局。③水库运行适当考虑湖区排水的要求。

8.5.6　对河道岸线稳定的不利影响

如上所述，三峡工程的运行改变了中下游河道泄流的水沙条件，导致历时上百年、延伸上千公里的河床冲刷，势必引起局部河段河势发生调整，这对已建的护岸工程的稳定带来了不安全因素。

8.5.7　对下游河道的影响

三峡大坝以下是长江中游平原江段，河曲发育，江岸不稳定。三峡水库运用后，清水下泄含沙量减小，将引起坝下游河床冲刷下切，同流量的水位降低，河势将进行调整，对沿江崩岸、浅滩和江湖关系产生影响。

数学模型初步计算表明，河床长程冲刷可达九江江段附近。各江段达到最大累计冲刷量的时间参见表8－4。建三峡大坝前后，长江中游枯水期同流量的水位降低情况参见表8－5。

表8－4　三峡大坝下游江段的清水冲刷变化情况

江　　段	宜昌～城陵矶	城陵矶～武汉	武汉～九江
达到最大冲刷量的时间（a）	40～50	60～70	90～100

资料来源：见三峡工程泥沙专家组，长江三峡工程“九五”泥沙研究结合分析，北京：知识产权出版社，2002年。

表8－5　长江中游枯水期同流量的水位降低变化情况

地　名	宜　昌	松滋口	太平口	沙　市	藕池口	螺　山	龙　口	汉　口
水位下降范围（m）	1.5～2.0	1.0～2.5	1.5～5.0	1.0～6.0	4.0～8.0	1.0～3.5	0.5～2.0	0.5～1.5

资料来源：见三峡工程泥沙专家组，长江三峡工程“九五”泥沙研究结合分析，北京：知识产权出版社，2002年。

三峡大坝下游河道冲刷对环境的影响如下：

（1）建三峡水库后，流量过程调整，长江枯水期流量增大而稳定，有利于浅滩航槽的改善，但因坝下游河道发生沿程冲刷，河势将发生不同程度的调整，可能出现局部浅滩碍航，可采取整治措施或疏浚来解决。

（2）河床冲刷水位下降后，洞庭湖三口（松滋口、太平口、藕池口）分流分沙减少，有利于减轻洞庭湖区的洪涝灾害，减少洞庭湖的泥沙淤积量，延缓湖泊的萎缩。

（3）河床冲刷，水位降低，可增加河槽泄洪能力。但对护岸工程将产生一定的影响，可能会出现新的崩岸，因此应注意监测，进行防护。

8.5.8 对河口入海径流及盐水入侵的影响

三峡水库运用后，全年入海总水量不变，只是年内分配有所变化。枯、平、丰三种典型年与天然情况相比，长江大通水文站每年 10 月份流量分别减少 32.4%、20.3%和 16.9%。1—5 月水库增加下泄流量 1000～2000m^3/s，不同典型年份比天然情况分别提高 24.5%、19.9%和 5.1%。

枯水期下泄流量增加后，河口水体氯化物的峰值将有所削减，连续取不到合格水的天数有所减少；但枯水年 10 月份和 11 月份下泄流量减少后，会使河口段入侵时间提前，历时加长，总的受咸天数有所增加。

三峡水库属季调节，库形和泄流与天然河道较为相似，可认为是天然径流的优化，对河口径流无重大影响。

8.5.9 对河口三角洲土壤盐渍化的影响

三峡建坝前后，由于水情的变化，虽对河口地区的土壤水盐平衡产生一定的影响，但由于水位的升降幅度不很大，从总体上看，将不致改变脱盐的总趋势。

三峡水库运行后，由于每年 1—5 月长江水位抬高，排水排盐受阻；10 月份江水下落，咸潮沿江上溯势力增强，会延缓河口地区盐土、盐化土的脱盐过程。在下泄流量调节期间，潮位变化幅度仅升降 5～15cm，改变较小（天然潮位变化 2.5～3.0m）。因此，对河口潮位变化、咸潮入侵等不致产生明显不利的影响。

8.5.10 对河口泥沙侵蚀和蓄积的影响

三峡枢纽运行后，入海年水量没有变化，大通水文站流量除每年汛后的 10—11 月因水库充水稍有减少、枯季因水库补水流量稍有增大外，其余各月一般基本无变化。10—11 月入海流量虽有减小，但流量仍较大，对长江口水质影响不大；枯季流量增大则对改善水质有利。此外，众所关注的河口滩涂影响问题，由于三峡水库汛期排沙比较大，且均系细颗粒泥沙，175m 正常蓄水位方案初期运行1～12年内，下泄悬移质泥沙平均为入库总量的32%左右将主要为粒径小于0.1mm的细颗粒泥沙。经过下游长距离补偿性的粗化冲刷恢复，以及区间来沙补给，长江口来沙量和泥沙级配均将接近建库前情况。因此，三峡水库不影响河口滩涂演变，而且对稳定河槽和维护河口拦沙有利。不过因输沙量相对减少了，洲滩淤长速度则可能有所减缓。

但是，三峡枢纽运行后的前50年，长江大通水文站年平均悬沙输移量将比建库前减少23.4%，即114Mt。以后来沙量将逐渐增多。来沙量的减少以及水量年内分配的调整，会使河口三角洲岸滩的侵蚀、蓄积作用发生相应变化：①有利的是将增加河口河槽的稳定性。②不利的是某些淤积岸段的淤涨速率将减缓，某些冲刷岸段的冲刷会加强。

建议在长江口综合治理工程中，尽可能采用整治、疏浚与围垦相结合等措施，固定沙洲，减少活动沙，稳定南北港分汊口，以利于南汇边滩的淤伸。

8.5.11　对渔业及珍稀、濒危水生动物的影响

建三峡水库后，由于长江上游生态环境的改变，鱼类栖息地面积缩小约1/4，约40种鱼类受到不利影响，其中2/5为上游特有鱼类，种群数量会相应减少。

由于各支流的家鱼苗汇集三峡水库发育成长，四大家鱼资源将会增加，但宜昌至城陵矶江段因水环境改变，产卵场改变，对家鱼苗繁殖十分不利，将减产一半。可采取的对策是，适时适当地调整水库调度，以满足家鱼繁殖要求。

三峡建坝后，清水下泄使河床冲刷，使水生动物的栖息水域明显改变，如白鳍豚的分布范围缩短155km，发生意外死亡的几率增加；坝下鱼类资源减少对白鳍豚的食物保证有不利影响。

每年10月份三峡水库蓄水，葛洲坝下游水位下降，江面变窄，中华鲟等的产卵场面积相应缩小，不利于鱼卵发育；航船日益增多，亲鱼受到噪声干扰加剧，螺旋桨损伤的机会增加，应注意观察，采取有效措施，如在事故多发河段设立警示航标，规定单向航道，机动船定时、集中、减速、消声航行或编组结队用拖船牵引航行。

8.5.12　三峡库内泥沙淤积对库水水质的影响

三峡水库蓄水后，库水中的悬浮物和重金属含量明显降低，水中重金属元素总浓度将降低63%～70%，而沉积物中的污染物和重金属含量将增加，水库仍保持以吸附为主的水环境条件，不会因解吸而造成二次污染。

考虑到三峡水库中淤积的泥沙有一部分来自库区支流乌江下游高汞背景

区，水库鱼类对汞的生物富集作用目前还不能确定。建议进一步研究这种影响的分布区域、影响程度和防治措施。

8.5.13 其他不利影响

三峡水库水位30m的消长，引发渗压力、地应力变化，产生滑坡及泥石流，霾雾气候增多等不确定因素。

上述不利因素中，有些是可以采取适当措施加以补救的，有的已有解决办法，有些有待实践观察，还应加以深入研究。

8.6 三峡工程建设期施工区水土流失问题

三峡工程依据批准的"一级开发、一次建成、分期蓄水、连续移民"建设方案，总工期17年。一期工程（1993—1997年）共5年，于1997年9月通过验收；二期工程（1998—2003年）共6年，于2003年通过验收；三期工程（2004—2009年）工期6年，工程全部完工。

三峡水利枢纽工程具有工程量大、投资大、建设时间长、扰动地表面积大、扰动形式复杂、影响范围大等特点，在主体工程及配套设施的施工过程中，将不可避免地破坏、扰动、再塑项目区原地形地貌及土壤植被，改变土地的利用方向，必将产生新的水土流失。

8.6.1 工程建设期水土流失

8.6.1.1 2003—2005年施工期水土流失情况

经调查，从2003年实际第三期工程到2005年项目建设期水土流失面积为528.13hm^2，原生水土流失量为4.12万t，已产生水土流失量为6.75万t，即新增水土流失量为2.63万t，属轻度侵蚀。枢纽工程一、二期水土保持设施已于2003年5月通过了竣工验收，在三峡坝区征地面积中，土地整治率达60%以上，植被恢复指数在90%以上。

8.6.1.2 第三期工程（剩余的2006—2009年）水土流失情况

2005年之后，工程施工造成的水土流失面积为479.57hm^2（较前减少，主要因为初期蓄水淹没了部分建设区）。原生水土流失量为5.43万t，产生水土流失量为8.82万t，新增水土流失量为3.39万t。

因此，以上从2003年5月三峡工程一、二期水土保持设施通过竣工验收以后，2003—2009年共计7年的工程建设期造成的水土流失面积为1007.70hm^2，原生水土流失量为9.55万t，整个施工期（2003—2009年）产生水土流失量为15.57万t，新增水土流失量为6.02万t。

8.6.2 自然恢复期水土流失预测

工程试运行期2年，即自然恢复期（2010—2011年）水土流失面积为339.47hm^2，若未对工程水土流失进行治理，则自然恢复期内可能造成水土流失量为3.32万t；如进行治理，可能产生水土流失量为1.84万t。工程水土流失治理后，可以减少水土流失量为1.48万t，自然恢复期新增水土流失量为1.40万t。

统计上述数据，三峡水利工程造成的水土流失总量为18.9万t，新增水土流失量为7.42万t。

8.6.3 水土保持措施

（1）土地整治。施工场地拆除及土地整治措施。

（2）工程措施。①弃渣场排水系统、挡渣墙和坡面防护工程。②料场浆砌石挡渣墙工程。③料场平台及边坡防护工程。

（3）植物措施。可进行植树造林，尽量恢复原有植被。

8.7 展望

举世瞩目的宏伟的三峡水利工程于2009年顺利完工了，三峡工程对长江防洪、航运、发电、灌溉、旅游、南水北调、渔业、科学研究等都将贡献巨大效益，对中国四个现代化建设将起到不可估量的作用。它是促进西部大开发和长江流域可持续发展的生态与环境保护工程。水电是最清洁的能源，每年可减少燃煤5000万t，少排放二氧化碳约1亿t、二氧化硫约200万t、一氧化碳约1万t、氮氧化物约37万t，以及大量的工业废物。可以提高长江中下游的防洪能力，保护数千万人的生命财产安全。这是对中华人民共和国成立60周年大庆的、光耀全球的丰盛献礼。

三峡工程对长江中下游河道冲淤的变化，始终是世人关注的焦点问题。大江大河的水沙输移运动的不恒定性是由于它的天然边界条件复杂多变。故天然河道的自然性、随机性与模型试验的约束性、局限性两者之间存在着一定的差异。目前要提高模型试验的精确度，尽可能接近自然，进行全流域大规模实体模型试验；原型观测是检验模型试验的试金石，十分可贵而重要，应加强观测。

长江泥沙输移问题关系到生态环境的变化，直接影响到长江河口洲滩的消长，在三峡工程可行性研究和初步设计中已充分研究论证，并吸取了黄河三门峡工程中苏联专家错误设计的经验教训，树立了“蓄清排浑”的主导思想，除了在枢纽建筑物中部泄流坝段（总长483m）设有泄洪表孔22个［宽8m，高与坝顶齐平；采用上部平板门（兼作活动胸墙）、下部弧形门，分开操作的组合型工作闸门。底坎高程158m］，泄洪深孔23个（7m×9m，底坎高程90m），还在左及右电站段分别设有3个和4个排沙孔（5.5m×7.5m，底坎高程为：靠两岸的2孔90m，中间5孔75m）。施工中又在左岸原“临时船闸”坝段改建（原设计方案之外的）了2个同上的排沙孔。总计9个排沙孔（左5、右4），以达到对洪水和泥沙“让进来，送出去”的目的（排泄有门），所以不会对河口洲滩产生大的影响。

为充分发挥三峡水库的诸多功能和效益，应以科学发展观及可持续发展目标，深入研究水库调度方略。继续对江、湖、库关系，分、蓄洪区建设等重大问题深入研究；提前做出河道整治、护岸抢险、江湖污染治理等实施预案。

三峡工程对生态及环境产生的影响，由于牵涉面广，涉及因素多，还相互渗透，错综复杂，关系微妙，利弊并存或利多（大）弊少（小），或者相反。分析利弊，研究兴利除弊的对策，防患于未然，采取趋利除弊的有效措施，则是后续有待完成的重要的长期任务。

第九章　跨流域调水对环境及经济社会影响的综合分析

9.1　水资源优化配置

人类在长期生产实践中积累了寻找水源的经验和办法，其“法宝”之一就是个体行为的“挖潜”，挖井向地下取水；“法宝”之二则是集体行为的“开源”，向水源地开拓引水，从远方跨流域调水。

发生在现代的水资源危机是人类生存又一次面临的严峻问题，其生成的原因有资源性的、时空性的、污染性的及浪费性的等多种。跨流域调水就是为解决水资源在时间、空间分布上的不均或资源性的短缺而采取的水资源优化配置工程措施。

9.2　中国的跨流域调水工程

9.2.1　中国古代的调水工程

（1）京杭大运河——闻名中外的中华辉煌历史遗产。始建于春秋末（公元前5世纪），据《左传》中左丘明的记载，在公元前486年（鲁哀公九年），春秋战国的吴国王夫差，在江淮之间，开渠挖沟，串通湖泊河道，构成了长江与淮河之间最早的水上通道、京杭大运河的祖河原型——邗沟。后经隋（公元581—618年）及元（公元1206—1368年）两代扩建延伸，碧波逶迤，越三千里，熠熠生辉，举世无比。京杭大运河纵贯北京、天津、河北、山东、江苏、浙江，沟通海河、黄河、淮河、长江及之江（钱塘江），全长1700余km，是由南向北调水的干流，也是盐、粮、煤等南北运输的大动脉，历来对中国经济和文化发展功效卓著。

（2）都江堰灌溉工程。战国秦昭王（公元前256年）时开始修建，历时数十年，由蜀郡守李冰及其子主持，凿漓堆开宝瓶口作堰，分岷江为内外二支，引水入内江，既避水害，又得灌溉之利。使用至今，计引水流量为$600m^3/s$，年引水量约110亿m^3，现有干渠2145km。设计一流，运行自如；福泽天府，永续不朽。

（3）郑国渠灌溉工程（位于今陕西省）。秦朝（公元前221—前206年）修建的引泾水入洛水的工程。

（4）灵渠航运工程。与郑国渠同时建成，全长34km，将湖南湘江和广西漓江的上游联通，设有原始船闸，用木质斗门操作，将长江和珠江两大水系连接，也成为中国古运河之一。

9.2.2 新中国成立后修建的调水工程

（1）湖北的丹江口水利枢纽引汉工程。1958年开工，1973年建成。枢纽一期工程：坝顶高程162m，库容208.9亿m^3，装机6台，总容量90万kW，有斜面及垂直升船机。引汉工程总干渠首清泉沟进水闸，灌溉湖北灌区14万hm^2，设计流量$100m^3/s$。另一河南灌区2.6万hm^2，设计流量$100m^3/s$，由陶岔进水闸引水。该工程也是南水北调中线的前期工程。

（2）安徽的淠史杭灌溉工程。1958年开工，1972年建成。灌溉面积达66.7万hm^2，包括安徽、河南两省共12县，是新中国成立后兴建的中国最大灌区。设计引水流量$540m^3/s$，年引水量52亿m^3。

（3）江苏自江都引水的江水北调工程，也是目前亚洲最大的电力排灌站——江都抽水站。始建于1961年底，完成于1977年。装机33台，总容量4.89万kW。向苏北抽江水$400m^3/s$，年抽水量33亿m^3。由4座大型电力抽水站、7座节制闸、3座船闸等工程组成。它是南水北调东线的前期工程之一，今后将在此基础上扩建。

（4）引滦入津和引滦入唐工程。1982年5月开工，前者于1983年9月建成，向天津市供水；后者于1984年12月建成，向唐山市供水。河北省潘家口和大黑汀水库是引滦工程的水源地，供两市用水，有效地遏制了氟斑牙和氟骨症的发生。前者承接滦河主干流来水，库容29.3亿m^3，可供水量为19.5亿m^3/a；后者承接潘家口水库调节来水及洒河来水，库容3.37亿m^3，可供水2.5亿m^3/a。引滦入津工程全长234km，设计流量$60m^3/s$。引滦入唐工程全长52km，设计流量$40\sim80m^3/s$。

（5）广东东江向深圳、香港供水工程。它是1964年2月动工兴建的大型地区引水工程。北起东莞市桥头镇，南至深圳河，经8级抽水，全程83km，扬程46m。并先后在20世纪70年代、80年代和90年代初进行了3次扩建，并由明渠输水改为暗涵送水。目前，年供水能力达17.43亿m^3。

（6）其他。我国还有一些省、市地区建设的调水工程，如引黄济青、引青济秦（皇岛）、引黄入晋、引黄济津等。估计由长江及黄河中下游平原地区向淮河及海河流域的年引水量约200亿m^3。

9.2.3　新世纪中国的调水工程（南水北调）

详见本书第十章。

9.3　国外近现代修建的跨流域调水工程

据估算，地球上年均径流量约为 $46.8 \times 10^4 km^3$。以各国占有量的多少排序为：巴西、俄罗斯、加拿大、美国、印度尼西亚和中国，共占有其中的45.8%。虽然上列6国得天独厚，占有较为丰富的水资源，但各国情况也都有其特殊性。例如，加拿大的水资源丰歉分布与人口密度分布完全相反；同样，俄罗斯南部地区人口和工农业均占全国的80%，而水资源量只占全国的15%；美国阿拉斯加州的径流量竟独占全国径流量的50%。上述各国不利的自然因素，中国都兼而有之。

为了摆脱水荒的困扰，各国对改变水资源在空间上和时间上的分布不均衡，都采取了修水库和调水工程的办法。据不完全统计，世界上20多个国家已建、在建和计划中的调水工程有160多项。

（1）俄罗斯已建跨流域调水工程有15处，年调水总量600亿 m^3。举世闻名的是欧洲部分的北水南调工程和亚洲部分的东水西调工程。

（2）法国迪朗斯—凡尔顿调水工程于1964年动工，1983年建成，设计灌溉面积6万 hm^2，年发电量5.75亿kW·h。还有勒斯特—加龙河等调水工程。

（3）加拿大全国已建54处调水工程，主要用于水电，年调水量达1000多亿 m^3。因水资源主要分布在北部，而人口主要集中在南部，故多采用北水南调工程，如丘吉尔—纳尔逊调水工程等。

（4）美国已建跨流域调水工程11处，共计年调水200多亿 m^3，最大的是加利福尼亚的北水南调工程，年调水量达90亿 m^3。此外，还有科罗拉多—大汤普森、中央河谷等调水工程。

（5）北美洲正计划实施从阿拉斯加和加拿大西北部丰水地区，将水调送到加拿大的中部、美国广大地区和墨西哥北部的“北美水电联合规划”。

（6）南美秘鲁著名的马赫斯、圣洛伦索和利马等调水工程建在安第斯山区，是迄今为止世界上已建的海拔最高的调水工程，工程艰巨而宏伟。

（7）巴基斯坦的西水东调工程（原称印度河流域规划），即将西三河（印度河、杰卢姆河及奇纳布河）的水调到东三河（萨特里奇河、比爱斯河及拉维河），调水总流量高达 $2915m^3/s$，平均年调水量222亿 m^3，是目前世界上调水量最大的工程。该工程于1965年开工，1975年初步建成。

（8）印度“全国水网”研究方案中的布拉马普特拉河—恒河调水工程，计划将布拉马普特拉河的丰富水量调到印度南部和西部缺水地区。还有西流诸河水东调等计划。北方邦的萨尔达—萨哈亚克调水工程建于20世纪70年代，供水渠长260km，设计流量650m^3/s，灌溉面积约160万hm^2。已完成的还有：恒河区工程，灌溉面积24万hm^2；北方邦拉姆加河拉姆加坝至南部各区工程，灌溉面积60万hm^2；巴克拉至楠加尔工程，灌溉面积160万hm^2；纳加尔朱纳萨加尔工程，灌溉面积80万hm^2；等等。

（9）澳大利亚在1949—1975年间修建了第一个调水工程——雪山工程，提供灌溉用水74亿m^3。主要工程包括16座大坝，7座电站，2座抽水站，80km的输水管道，144km的隧道。

（10）非洲最大的调水项目——莱索托高原工程将莱索托王国境内丰富的水资源调入南非豪登省。在莱索托境内兴建5座大坝和200km的穿山隧道，整个工程完成后，可向南非输送80m^3/s的水量。

（11）埃及西水东调工程。于1998年建成的该工程主要有3部分：①苏伊士运河以西渠道；②穿苏伊士运河输水隧洞；③西奈北部输水工程。开发耕地为25.2万hm^2。

（12）以色列和约旦2002年7月决定修建“南水北调”工程，即修建一条引水管道，将亚喀巴湾的红海水调入死海，以提升死海日趋下降的水位。

9.4 跨流域调水对环境利弊影响分析

9.4.1 跨流域调水对环境的有利影响

9.4.1.1 对调入水地区的社会效益和经济效益

众所周知的效益有：供水效益，如接济人民生活必需的水源，保障工业兴盛，发展灌溉、航运、旅游、养殖业等。防洪排涝效益，有的具备灌排两用且兼有防洪、排涝等功能，如中国南水北调东线工程。发电效益，有的利用输水落差发电，如澳大利亚的雪山调水工程建有7座电站，装机总容量374万kW，年发电量50亿kW·h。

9.4.1.2 解救调入水地区的生态危机——生态效益

水源对因缺水而引发的地区性生态危机，将获得起死回生的生态效益、环境效益。这也是中国南水北调工程所要求的主要目的之一。俄罗斯北水南调工程，缓解了里海的水位从20世纪30年代以来的下降趋势，挽救了该地区的生态环境。

9.4.1.3　缓解调出水地区的洪水威胁——防洪效益

因修建调出水地区工程，如南水北调中线的汉江丹江口枢纽工程，大坝将加高，防洪库容增大，防洪能力提高。在和长江三峡水库联合运行的有利条件下，通过合理调度，可避免像1935年那样的汉江特大洪水的灾害，那年湖北省江汉平原有8万人葬身洪流。因此，社会效益、经济效益是难以估量的。

9.4.2　对调出水地区的不利影响

9.4.2.1　可能引起生态环境用水不足的问题

上述俄罗斯北水南调工程，以亚洲地区8条流入北冰洋河流的总水量19500亿 m^3 的1%～3%作为调出水量。不料因减少了流入喀拉海的淡水量和热水量，竟影响了喀拉海的水温、积水量、含盐量、海面蒸发以及能量平衡。还导致极地冰盖扩展、增厚，春季解冻时间推迟，地球北部原本短暂的生长季节，也缩短了半个多月，西伯利亚大片森林遭到破坏，风速加大、春雨减少、秋雨骤增，严重影响了农业生态环境。同时，使北冰洋海域通航条件变差，渔产减少。

汉江丹江口水利枢纽，对防洪、发电、航运、灌溉和水产养殖等有重大效益；2011年后还将承担南水北调的重任。可是近10余年来，每年枯水期汉江中下游干流水质均发生异常情况，1992年、1998年、2000年、2001年、2003年和2004年（各年2—4月）先后6年发生大范围的、较严重的“水华”① 泛滥，藻类繁殖，江水腥臭变色，6年“水华”生成的趋势是：发生间隔越来越短，污染范围越来越大，持续时间越来越长。

汉江水污染严重，固然是沿江城市废污水大量排放汉江所致，并对汉江中下游水体富营养化造成累积作用，加上缓慢的流速、较小的流量、适宜的温度及光照等条件而产生“水华”，但也反映出，汉江中下游维护生态环境用水问题应充分考虑。

9.4.2.2　造成调水河道过流条件恶化

若利用原河流调水，势必增加流量和流速，因而引起河床不稳定。如巴基斯坦调水工程，在河道中设置拦河坝，使泥沙沉淀，河床淤高，减弱了河道排水能力，阻断了地面排水出路。

① 水华也称水花，是在某些因素作用下，淡水水体生态系统发生突变，水体中某些蓝绿藻大量繁殖，而在水面形成一层较厚的蓝绿色藻膜的现象。水华发生时，大量藻类释放毒素藻靛，对鱼类有杀伤作用。藻类死亡腐败后分解出有毒致癌物质，并消耗水体中的大量溶解氧，使水体产生恶臭，严重影响水域环境，对水资源可造成巨大损害。

9.4.3 对调入水地区的不利影响

9.4.3.1 疾病传入

在调水过程中某些有害物质和元素，在不同地域因冲而减，或因滞而增，有可能造成疾病流行传播，使伤寒、痢疾、霍乱等得以蔓延。

美国芝加哥密歇根湖引水工程是近代最早和最有争议的调水工程之一。原因是1948年芝加哥受到流行性伤寒的侵袭，后查明是密歇根湖的供水管道进口遭到污染的缘故。

美国一些调水工程实施后，传播了一种脸板蚊，曾使脑炎猖獗。而在远东一些调水工程中，则曾传播了日本乙型脑炎蚊。在非洲一些调水工程中，曾给调水地区传播了大量疟蚊。

南非奥兰治河调水工程沿途取水都用于灌溉和生活，随着农业的发展、血吸虫的宿主钉螺和人口密度的相应增加，扩大和加重了血吸虫病的发病率。

9.4.3.2 污染输入

明渠输水易受污水侵害，以致污染输入（涵管输水是今后的发展趋势，但根据中国输油管道屡遭破坏的事实，涵管输水的管理仍很困难）。据中国预防医学科学院对中国29个省、自治区、直辖市生活饮用水水质和水性病（介水传播）的调查统计（1958—1984年）：①水致肝炎，发病率11.73%～23.56%；②水致伤寒，发病率0.63%～78.71%；③水性地方性氟病，涉及1095个县，氟斑牙病患者3753万人，氟骨症患者172万人；④地方性甲状腺肿，涉及1624个县，患者1984万人，克汀病患者24万人。据水利部门1998年对全国109700km河长进行的水质评价，评价河长中有70.6%被污染。据国家环境保护总局1999年的统计，中国主要河流有机污染普遍，面源污染日益严重。又据《2000年中国环境状况公报》，长江三角洲地区大多数城市河流都存在严重的有机污染，饮用有机污染物超标水的人口比例达21.5%；中国人民患病的9/10、死亡的1/3都与生活用水不洁直接相关。又据联合国调查统计，全世界每年有2500万名儿童之死与饮用水不洁有直接关系。

汉江是长江最大的支流，地表水量为590亿m^3。汉江原本有“中国最干净的一条江”的美誉，但近些年来，由于上游陕西省旬阳县境内的沿岸铅锌选矿厂等任意向汉江排放废污水，污染物严重超标，使得南水北调中线源头水质受到污染威胁。另外，湖北省十堰市城区70%的城市废污水由神定河排进汉江，进入丹江口水库，成为丹江口库区最大的污染源。

长江是中线后期工程——引江济汉的水源。近年来，长江流域工农业发展迅猛，而排污量也日益增大，水质日趋恶化，据有关资料，从长江上游攀枝花至下游上海沿江 21 个大中城市所在江段 792km 评价河长统计，污染带叠加的总长度：平水期为 458km，枯水期为 503km。污染带宽度一般为 50 ～ 100m。由于水质污染恶化，沿江城市出现污染性缺水。

9.4.3.3　对洼淀和湖库等蓄水的不利影响

调水沿线常有多处洼淀或湖库调蓄，给原来的自然环境增添了庞大水域，这对于河流水文特征、库区水状态、地下水位、渗漏、消落区的稳定状况以及水生生物、岸边生物、水体水质、气温、降水、渔产、地震等生态环境均有可能造成不利影响。

9.4.3.4　对输水渠系两岸环境的不利影响

巴基斯坦西水东调工程中有三条灌溉渠，总长 663km，引水 1493m^3/s，系自流引水，其水位平均高出两岸 1m，排灌系统规划不完善，每年渗漏竟达数十亿立方米，引起两岸数百米宽地带沼泽化。同时，由于排水不足，导致土地渍涝，土壤盐碱化，肥力遭到破坏，粮食减产，每年影响 2.4 万 hm^2 耕地。随后采取防渗衬砌、平整土地及管井排水措施加以补救。

我国华北黄土地本来就缺水，同时又因排水不畅，常引起土壤盐碱化，危害农作物的种植和生长。南水北调引来源源不断的水后，应避免发生同样的问题。

9.4.4　调水对海水入渗及河口生态环境的影响

据气象学方面的研究，全球有因温室效应、太阳核爆黑子作用，以及厄尔尼诺现象的共同影响而使气候变暖的趋势，从而导致两极冰融加速，海平面涨高，这对沿海口岸冲击很大，带来了诸多不利。例如，海咸水入侵，淹没土地、港口；渗压加大，将引起土地盐碱化加剧；水生生物的生态环境改变，影响渔业养殖及鱼产量；江河水流退缩，水质污染加剧，导致赤潮发生频率加大。

调水工程实施后，入海水量减少（虽然所占比重很小），或多或少将减弱对抵御海水入渗的缓冲力。

9.5　从经济社会角度论调水工程引起的水权归属问题

9.5.1　外国对调水工程着重考虑环境和经济问题

现在美国、俄罗斯等国家在规划调水工程时，着重考虑其对环境和经济的影响。例如，对居民生活条件、水的卫生状况、流行病传播、城镇供水条件、农业生产条件、渔业和林业经营条件、河道演变、航运条件等的影响。被考察的地区包括被调走径流的河道海口区、外海、取水口以下河道、调水水库、调水使用的倒流河段，调水渠、调入河道及其汇流入海河段等。在调水成本分析中，调水成本由调出流域水的调节成本和调水工程的输送成本所组成。

9.5.2 水权是调水工程应妥善解决的利益分配问题

复杂的水权归属问题的确很重要。河流的上下游或左右岸地区之间往往在水权上争执不下，使调水工程难以进行。特别是国际性河流如印度和巴基斯坦之间、印度和孟加拉之间的一些河流水权问题更为突出，如巴基斯坦的西水东调工程（原称印度河流域规划）。印度河发源于中国，经克什米尔地区进入巴基斯坦。1949—1950 年冬，印度突然截断西三河向下游的供水引发印巴水资源纠纷。经过 8 年的漫长谈判，两国于 1960 年签订了《印度河条约》。

美国一些跨州调水工程，由于社会和环境等问题，遭到一些调出水所在州的反对，致使工程长期无法动工，或长期纠纷不断。例如，美国东北的特拉华河，流经特拉华、新泽西、纽约和宾夕法尼亚四州，位于特拉华河流域之外的纽约市，提出从该河上游引水的要求后，立即遭到下游几个州的反对，争执不下。1954 年经美联邦高级法院判决，按均等分配的原则，纽约市才获得引水权利。

9.6 保护生态环境健康及经济繁荣、可持续发展是跨流域调水的首要任务

跨流域调水的目的、任务及利弊已如上述。其工程宏伟，项目多而大，技术要求高，施工期长，投资量大，取得成功已非易事，但如造成生态环境恶化，则为害四方，后患无穷，劳民伤财，成不可持续发展的颓势，岂不事与愿违？兹列举国外曾经发生或曾经考虑过的有关问题以资借鉴。

9.6.1 北美平原建立节水型工农业取代调水工程

北美平原与我国华北平原相比，在降水、日照、蒸发量等方面十分相似。为解决水荒，美国曾考虑了 10 多个调水方案，但终未实施。因为，他们终于领悟到，生态环境关系复杂且重大，如稍有不妥，违反了生态学原理，必将自食恶果，而且不可逆转。于是，他们建立了节水型工农业，减少无效灌溉，同样获得了巨大的经济效益，而且不致破坏生态平衡。

9.6.2　俄罗斯持审慎态度摒弃因循守旧的传统做法

俄罗斯对大规模北水南调等工程已采取非常审慎的态度，因为他们已认识到跨地区调水将产生一系列影响，其中包括北冰洋航运条件将发生变化（由于调出水，流入北冰洋的热量将减少）；同时，由于某些河流的径流量增加，随着平原汛期时间的延长，森林资源也会受到影响。这方面的不确定因素很多，进行环境影响模型实验和研究十分必要。在生态环境影响没有明确之前，应尽量避免采取因循守旧的传统做法。

9.6.3　加拿大保护生态环境和印第安人的传统生活

加拿大魁北克省（几乎拥有全国供水量的30%，并可为调水工程提供大量电力）曾热衷于推行一项旨在向美国出口水资源的巨型调水工程计划。但加拿大联邦政府对此采取审慎的态度，因环境保护专家及政府环保部门认为：该工程计划华而不实、大而不当；工程一旦建成，将极大地改变鱼类、野生动物和家禽的生态环境，并将严重地破坏萨姆斯湾地区1万多印第安人的传统生活方式。

9.6.4　利比亚考虑生态平衡取消引用沙漠地下水计划

严重缺水的利比亚曾计划修建一条长达400km的调水管道，把撒哈拉大沙漠的地下水调往地中海沿岸的人口稠密区，工程费用预计250亿美元，预计21世纪初完成。但此计划遭到有关部门专家的反对，他们认为：把撒哈拉的地下水引走，会造成该地区地下水资源的枯竭，破坏当地的生态平衡，使沙漠中寥寥无几的绿洲消失，后果将不堪设想。因此，该项调水计划不得不搁浅。

9.7　跨流域调水的发展趋势

跨流域调水是水资源开发的门路之一，它的目的就是打破天然水在时间和空间上的不均衡性，而用人力将它重新调整分配。跨流域调水规划所涉及的各项目标大致为：提高国民经济效益，实现地区收益的再分配，使国家或地区的农业生产达到自给自足，通过供水和改善卫生条件提高地区健康水平，通过移民促使人口分布趋于平衡，满足各部门难以解决的用水需求，使就业门路得到合理分配，改善生态环境，等等。

为了满足上述各项重大目标，完成跨流域调水的重要使命，就必须研究并遵循以下法则。

9.7.1 跨流域调水工程规划的主要法则

9.7.1.1 规划方面

环境效益、社会效益、经济效益不可偏废，而以环境效益为重。要充分调查、试验、研究，作出且必须具备生态环境影响评价。在规划国民经济效益时，既要考虑直接效益和费用，也要考虑间接效益和费用。间接效益包括未进行调水之前需要补贴的资金，以及和不调水相比所有净增加的总收入。

9.7.1.2 行政方面

国家和地方政府应制定有关的政策：①确定适当的调水量、调水范围和时间。②规定总的用水目标和轻重缓急的程序及原则。③确定调出水流域（地区）最大容许需水量的估算方法，对保护环境所需用水应足够重视，慎加估算留有余力。④投资融资政策和办法等。

9.7.1.3 法制方面

应制定有关的“水法”，确定调入水地区的用水分配，确定水权、水费、水价，制定投资法则和补偿原则，确定管理机制，等等。

9.7.2 跨流域调水的法律基础——水权

9.7.2.1 水资源的所有权属于国家是水资源可持续发展的趋势

水权属于国家，这在1954年《中华人民共和国宪法》中就有规定，矿藏、水流、森林等自然资源属于国家所有，即全民所有。1988年颁布的《水法》规定：“水资源属于国家所有。农业集体经济组织所有的水塘、水库中的水，属于集体所有。”

美国、法国、俄罗斯、日本、英国等国家在20世纪90年代颁布的相应国家《水法》中也有类似规定。国家掌有水资源的所有权是水资源可持续发展的趋势。也就是说，国家可利用水权的运作，以筹措水资源管理及水工程建设的资金。

跨流域调水的法律基础是水权。因此，只有国家有权指令地方或单位进行水工程的勘测、规划、设计并组织施工，筹拨资金，征地、拆迁、移民等一系列工程；以及分配用水、配置管理机制等。同时，法律也保障用水的权利是属于所有人的。

9.7.2.2 水权的含义

水权指水的所有权和使用权（包括支配权、经营权、转让权等），我国国务院水行政主管部门是水资源所有权的法定代表。它有权以某种方式将水的使用权授予某地区、部门或单位。

只有在建立了水资源统一管理的集权制的前提下，才有行使水权管理的良好条件。而职能部门或受权代理部门，则应行使好水权，对国家水资源严加管理。水权管理是依法治水的一项重要内容。为了实现水资源的有效管理，必须有国家水行政部门坚强的宏观调控。

9.7.2.3　水价和水权价

水（水资源）价有使用（水资源）权价、水环境容量（水质）价、水体（商品）数量价等三种含义或组成部分。简言之，即权、质、量三位一体的综合价。

水资源是有价值的，所以水权同样是有价值的；它是为实现水资源的优化配置和可持续利用服务的。用水者取得水权要付出代价，即占有水权的成本费。运用水价（水权）是水资源优化配置的措施；也就是说，运用和调控水价（水权），可以达到水资源的优化配置的目的。

水权的定价是由供水方、需水方和交易中实际水资源量等所决定，其变化幅度较大。

9.8　倡导治污开源兼备的节流措施

从水资源危机的严重性和紧迫性考虑，多方设法，广寻门路，以求殊途同归、并行不悖的解决办法，是缓解危机的当务之急，如流域性农业改革、工业用水重复利用、城乡囤积雨水、调整水价运用经济杠杆规律节流等（详见本书第十章）。

9.9　关键词

（1）跨流域调水是一项改造自然的举措，涉及地理、环境、历史、社会、经济、文化、法权以及可持续发展等问题，是多学科、多部门、多地区综合研究的对象。只有广泛而深入地研究论证，才能趋利避害。只有注重水资源与水环境的承载能力研究，才能促进水资源的可持续利用。

（2）生态环境问题是调水工程规划设计应重视的问题，工程实施前后乃至工程建成运用，自始至终都应十分重视，严加管理，杜绝污染破坏，保护水环境，促进可持续发展。

（3）跨流域调水是有一定限度的，只能在一定时期内满足某些严重缺水地区适当规模发展的用水要求。因此，一些严重缺水地区应把节约用水和废污水资源化作为可靠的、永恒的、可持续发展的战略措施。

(4) 跨流域调水并非解决水荒的唯一、最佳途径。节流和水资源可持续发展的科学管理同样重要。采取与跨流域调水并行不悖的节流措施，可缓解急情，起到殊途同归的效果，而且简便、经济、实用、见效快。

(5) 水资源的所有权属于国家，这是水资源可持续发展的趋势。政府水政部门是水资源的水权法人。因此，在水资源的管理、开发和利用上，水务部门应起到配置的宏观调控作用，如制定指导和调节流域性的经济可持续发展规划，依法治水，防污、节流，以达到水资源的优化配置。跨流域调水是水资源优化配置的可持续发展战略措施，它的实施是以水权为基础的。水资源是有价值的商品，水资源和水权的有偿交易，将形成水交易市场。

(6) 我们研究国外跨流域调水的经验，可以从中理解到：在事物的存在和发展中，矛盾始终存在着。从矛盾的对立统一规律不难看到，每当为解决缺水问题兴建一项跨流域调水工程的同时，已为未来孕育下若干新的问题；在某些时候，跨流域调水还可能由于经济的或环境的考虑，或者仅因单纯的水权归属问题而变得前景暗淡，甚至无法实现。这说明，当我们从事这项工程时，必须审慎对待，深入调查研究，试验分析，应用先进技术，规划设计周全。总而言之，我们应改变旧的传统观念，树立新的思想意识。

第十章　长江跨流域南水北调
——水资源配置与可持续发展研究

10.1　概述

10.1.1　宝贵的淡水资源

地球表面的71%为水所覆盖，全球水的储量很大，约计14.5亿km^3，但其中淡水不到2%，而其中的85%还是固体冰川。能被人类利用的淡水约为总水量的0.3%，包括地下水、土壤水在内的淡水湖泊及河流等淡水资源，总共只有400多万km^3。此外，世界淡水资源还在时间和空间分布上极不均衡，使极其有限的淡水资源不能被充分利用。因此，古今中外都曾把修建跨流域调水工程和蓄水库作为解决水资源时空分布不均衡的主要手段。

中国水资源总量约为2.8万亿m^3，居世界第六位，仅低于巴西、俄罗斯、加拿大、美国和印度尼西亚。但由于中国人口众多，人均占有水资源量仅为2200m^3，约为世界人均水平的1/4，居世界第88位，被联合国列为世界13个缺水国家之一。预计到2030年中国人口增至16亿时，人均占有水资源量将降到少于1760m^3。按国际惯用标准，人均占有水资源量少于1700m^3，为用水紧张的国家。因此，中国未来水资源的形势是严峻的。

10.1.2　中国水资源的特征

（1）水资源在时间分布上不均衡，即水资源年内和年际变化很大。也就是降水和径流量的年内和年际变化很大，常年降水集中在每年的汛期6—9月份，占全年降水的80%左右，给水资源的利用造成困难和浪费，同时也是水旱灾害频繁的根本原因。

（2）水资源在空间分布上不均衡，即水资源地区分布不均。南多北少，东多西少，全国多年（1956—1979年）平均径流深284mm，按流域片划分，长江流域、珠江流域、浙闽台诸河及西南诸河等南方四片，都在500mm以上，其中浙闽台诸河1066mm。北方六片中，淮河片225mm，黄河、海滦河、黑龙江、辽河四片为83～141mm，内陆河流域仅34mm。

（3）水资源分布与耕地及人口分布、生产力分布不相适应。从人均和亩均占有水量来看，上述南方四片，国土面积和耕地面积均为全国的36%左右，人口占全国54%，但水资源总量却占全国的81%。人均占有水量4180m^3，约为全国平均值2220m^{3}的1.9倍，亩均占有水量4130m^3，为全国平均值1780m^{3}的2.3倍。而北方的海滦河、黄河、淮河三片，总面积占全国的15.1%，但水资源总量仅2126亿m^3，只占全国的7.5%。

10.1.3 中国北方缺水危机

近些年来，特别是2000年后，中国北方广大地区发生严重旱灾，北京、天津、河北、河南等地用水十分困难，尤其是天津、烟台、威海、大连等大中城市，出现空前的水危机，长期实施定时定量计划分配居民用水，淮河蚌埠段及京杭运河苏北段水浅，船只不能通过船闸，千百船队挤压长达数公里。黄河、淮河、海河流域水资源短缺与社会经济发展及生态环境保护之间的矛盾已经发展到仅靠节水与挖潜无法根本解决的境地。为了确保京、津等大中城市有稳定、可靠、洁净的供水，为了缓解北方广大地区日益严重的缺水状况和不断恶化的生态环境，尽快实施南水北调工程，不仅是十分必要的，而且也是十分紧迫的。

10.2 南水北调工程

10.2.1 从"借水"设想到南水北调规划

"南方水多，北方水少；如有可能，借一点水来也是可以的。"这是毛泽东主席1952年视察黄河时提出的"借水"设想。次年2月，毛主席在周恩来总理的陪同下，乘长江舰巡视了长江。

在毛主席和周总理的关怀领导下，长江流域综合利用规划（包括南水北调）的编制任务于1956年交由国务院直属的长江流域规划办公室承担。

1959年，长江流域规划办公室完成了《长江流域综合利用规划要点报告》。

1988年，国务院指出南水北调工程的任务和重点是：必须以解决京、津、华北用水为主要目标。

1990年，水利部长江水利委员会完成了《长江流域综合利用规划简要报告（1990年修订）》[以下简称《规划报告（1990）》]。

经过多年研究论证工作，南水北调规划提出西、中、东三条输水线路，分别从长江流域上、中、下游调水。1990年，国务院批转全国水资源领导小组关于该报告的审查意见中指出："南水北调东线、中线和引江济淮线路从长江引水的地点和可调水量基本可行，可以作为各路线规划的基础。这三条引水线路已进行多年规划研究工作，应抓紧进行可行性研究，协调处理好有关部门、地方的关系，逐步实施；南水北调西线引水，应继续进行科研、勘探和规划等工作。"

1992 年中国共产党第 14 次全国代表大会和 1995 年国务院的有关文件都一再重申南水北调的目的和主要目标，并指示南水北调前期工作应进一步加强，协调各种意见建议，有关省市密切协作配合工作。

1996 年，水利部南水北调工程论证委员会通过《南水北调工程论证报告》，并报送南水北调工程审查委员会。1998 年，经大会审议最后通过了《南水北调工程审查报告》。

2001 年 3 月 11 日，中共中央人口资源环境工作座谈会在北京召开，江泽民主席主持会议并发表重要讲话指出：对北方地区的缺水矛盾，要采取多种方式加以缓解，其中南水北调是具有战略意义的措施。要在搞好节水和水污染防治的同时，加紧南水北调的前期工作，尽早开工建设。

10.2.2 南水北调前期工作

10.2.2.1 南水北调中线汉江丹江口水利枢纽工程

调水方案中的南水北调中线工程前期准备工作，至今已进行多年，取得了丰硕成果。其中 1958 年开工、1973 年建成的，目前我国最大的综合利用水利工程——湖北汉江丹江口水利枢纽（一期工程：坝顶高程 162m，总库容 208.9 亿 m^3，装机容量 90 万 kW，由斜面及垂直升船机、引汉总干渠首陶岔进水闸等组成。陶岔和清泉沟两引水渠首闸底高程，均按丹江口枢纽后期加高规模，设计为 143m）就是前期工程的重点。

10.2.2.2 南水北调东线扬州江都抽水站

南水北调东线工程对解决苏北和山东缺水十分重要。东线前期工作也已进行多年，已建成的江水北调工程具备相当基础。

中国最大的电力排灌站——江都抽水站（江水北调工程），装机 33 台，总容量 18 万 kW，向苏北抽江水 400m^3/s，年抽水量 33 亿 m^3。该站始建于 1961 年 12 月，完成于 1977 年 3 月，由 4 座大型电力抽水站、7 座节制闸、3 座船闸等工程组成。东线工程今后将在此基础上扩建新建。

南水北调东线在江苏境内，从扬州到下级湖，现已建 9 级，共 22 座泵站，将长江水送到了山东边境的南四湖。故东线调水工程的前期工作在三线中是规划设计基础和施工条件最好的，同时也是工程建设投资最少、经济效益较高的。

10.2.2.3　南水北调西线前期查勘工作

20世纪50年代以来，水利部长江水利委员会对南水北调西线调水进行了深入查勘研究，提出了多种方案比较。详见后述。

同时，水利部黄河水利委员会也查勘了引通天河水入黄河的线路。1958—1961年再次深入西部查勘，提出四条自流引水线路供比较研究，1996年进入规划阶段工作。

10.2.3　南水北调东线工程

南水北调东线工程规划从长江下游的扬州江都引水向北方输送。由于地势南低北高，须通过13级抽水台阶共27处泵站（总扬程65m），并在山东位山穿越黄河隧道，将长江水提送到天津及河北地区。利用京杭大运河主干线及周边平行河道作为输水渠道，主干线长1150km，主要解决黄、淮、海平原东部地区缺水问题。按远景规划进水渠设计最大流量为1000m^3/s，抽水泵站总装机100万kW，年调水量150亿m^3左右，分别占长江年均流量及年均径流量的3.0%和1.5%。

东线一期工程将在山东建4级（共22座）泵站（总装机19万kW），及穿黄隧道，可抽江水500m^3/s，年抽江水60亿m^3。第二期增建22座泵站，总装机27万kW，抽江水扩大到700m^3/s，年抽江水约110亿m^3。两期工程总投资约需200亿元。

10.2.4　南水北调中线工程

南水北调中线工程，先从汉江丹江口水库引水，必要时再从长江干流三峡水库库区或坝下引水。按丹江口水库后期规模完建、正常蓄水位170m条件下，考虑2020年发展水平，在汉江中下游适当做些补偿工程，保证调出水地区工农业发展、航运及环境用水后，根据丰水年或一般枯水年（保证率75%）设计，近期可调出水量约145亿m^3。

南水北调中线工程供水的主要目标是京津、华北地区，主要供水对象是总干渠和河北沿线的城市生活和工业用水，兼顾农业和其他用水，供水范围分属北京、天津、河北、河南和湖北五省（直辖市），总面积15.5万km^2。供水区内耕地1.26亿亩，总人口约1.09亿。

南水北调中线主体工程由调出水地区工程和输水工程两大部分组成。调出水地区工程为：丹江口水利枢纽后期加高，提高蓄水位13m，增加库容116亿m^3。包括大规模的水库淹没移民工程（涉及丹江口、郧县、郧西、十堰、浙川等5县市的部分地区)、汉江中下游建一些局部性补偿工程，并结合综合开发利用逐步完成梯级渠化。后期适时建设引江济汉工程，则远景年调水量可以提高到220亿m^3左右。

输水工程即引汉总干渠，渠首闸最大设计流量$800m^3/s$，向北逐段递减，过黄河$500m^3/s$，进北京、天津各$90m^3/s$。从丹江口水库边陶岔引水渠首至北京，全长约1240km，并分出天津干渠140km。沿途须穿越众多的天然河流，采用立交方式，建相应的河渠交叉工程，其中最大的为河南郑州穿黄河干流工程。工程总投资约需550亿元。

10.2.5　南水北调西线工程

西线工程从长江上游引水入黄河，向西北和华北部分干旱地区供水。供水范围初步考虑为青海、甘肃、宁夏、陕西、内蒙古、山西和新疆共七省区。规划阶段着重研究从长江上游的通天河、雅砻江、大渡河三处引水，进行过多种方案比较。通称“长江水利委员会大西线方案”。

通天河、雅砻江、大渡河三条河总引水量195亿m^3，约占引水点以上径流量的90%左右，由于引水点下游人口密度小，需水也少，而且很快有支流汇入，故认为调水是可行的。1997年提出了《南水北调西线工程》研究成果。大西线方案得到广泛认同。

长江上游与黄河之间有巴颜喀拉山阻隔，西线工程地区海拔3000～4500m，黄河河床高于长江相应河床80～450m。须筑高坝（高300m左右）拥水或设泵站提水，并须用隧洞（长100km以上）穿过巴颜喀拉山，工程艰巨，地形地质条件复杂，气候恶劣，施工条件极差，故西线方案是三线中施工条件最复杂、工程最艰巨、耗资最多的（工程总投资约需1200亿元以上）。只能作为可持续发展的更长远要求的一项预备性措施，目前还处在前期规划阶段。

10.3　南水北调应重视对生态环境的影响

跨流域调水，潜藏着环境和社会问题，对上下游、左右岸以及调出调入水地区之间的影响都是巨大和复杂的，归纳而言，其影响包含直接的或间接的、短期的或长期的、诱发的或积累的及一次的或复次的。

10.3.1　维护生态环境用水

就调水水量而言，如果设计或运用不当，特别是遇到枯水年，势必影响调出水地区的用水。其利弊影响详见本书第九章。以下归纳阐述维护生态环境用水不足的问题。

10.3.2 防范蓄水库高水位引发的弊害

水库面积大，水位高，会对自然环境产生影响。如果影响的程度超过环境的承受力和动态平衡力，就会使环境恶化，影响人体健康和生存条件。实际上，库水水质和卫生条件都很难保证。因为它们受一些变化因素的影响，如：①水情因素。季节、月、日的水位，气候、解吸、沉溶等的作用。②水文因素。如流量、流速、紊流、水深等。③生物因素。水生生物数量、种类、洄游等。

水库蓄水后，库区及周边会出现潮湿低温现象，空气湿度大增，雾天增多，风期缩短，因此水质自净条件变差，致病细菌存活时间延长，导致风湿病、感冒、肠道传染病患病率升高。

有些疾病是由于水库水位上升或灌溉面扩大而传播的。多数通过灌区的水质，其色、味、温度、细菌、病毒、农药、化肥、盐分、污染物、寄生虫卵等都有所增加，这是造成水质恶化的主要因素，这同样会发生在调入水地区。

10.3.3 防止疾病传入

由水传播的疾病可分为两类：①由介水微生物传播，病情一般呈急性的暴发流行；②由浮悬或溶解于水的有毒化学物质致病，病情一般为蓄积性的、慢性的，也有急性的。

疾病传播是调水工程最大的不利影响，在调水过程中某些有害物质和元素，在不同地域因冲而减或因淤而增，长期饮用这种水就有发生各种疾病的可能。特别是病毒病菌流行传播，使伤寒、痢疾、霍乱等得以蔓延。

长江流域广大湖区，范围辽阔，历来是血吸虫病患区，血吸虫尾蚴以人畜为媒介，以钉螺为宿主，随水而流传，近年曾在长江武昌杨园江边发现，可见其流传之广。南水北调中线工程远景要引江济汉，这是问题之一。

10.3.4 严防污染输入

水污染引起的疾病，对人体健康危害极大，闻名于世的日本水俣病，即是由于吃了被含汞废水污染的水俣湾的鱼类而引起的。疼痛病是吃了由含镉废水浇灌的稻米引起的。中国云南个旧市曾发生砷中毒，也是饮用了含砷的水所致，据查实某些有机物与致癌有关。调水工程的输水干渠，易受沿途居民生活污水、工矿厂家或作坊排入污水的侵害，以致污染输入。

长江是中线后期工程——引江济汉的水源。近些年来，长江流域工农业发展迅猛，而排污量也日益增大。据调查，仅湖北省境内沿江现有排污单位1000多个，设排污口1200余处。年排废污水7.62亿t，占湖北省排污总量的53%。

此外，由于长江上游地区森林砍伐过度，植被遭受严重破坏，水土流失加重，以致江水含沙量增加，加上水质污染恶化，沿江地区普遍出现污染性缺水。这无疑对引江济汉影响很大。

10.3.5　研究工程对生物、水文、水温等的其他不利影响

跨流域调水工程改变了原有水文条件，影响了地下水的补给，改变了水生、陆生生物体系，改变了水质和水温，易造成居民集中、城市加速扩展、河水矿化和污染、鱼产量降低等。因此，应有针对性的专项研究，提出解决对策和具体办法。

10.4　治污开源兼备的节流措施

10.4.1　中国西北严重缺水的状况及成因

前面已经谈到，北方缺水危机的原因有资源性缺水、时空性缺水及污染性缺水，实际上还应该加上一项浪费性缺水。这前两项是天生的自然因素，也正是我们所强调要跨流域调水的主要根据。四项中的后两项则是不折不扣的人为因素。决不可忽略低估了它们的影响。

10.4.1.1　农业灌溉用水浪费

北方旱作物农业，历来采用大水浸灌方式，水的利用率低于25%。不仅浪费严重，而且造成农田盐碱化。灌溉是用水大头，占农业总用水量的2/3以上。黄河上游灌区占27%，而耗水量却占灌溉水总量的44%，显然不合理。究其原因，是由于黄河沿岸各地争相截流、建库、蓄水，致使黄河中下游近年多次长期断流，同时大小水库群蓄水，又加大了水的蒸发损耗。当地蒸发量为降水量的1～4倍。

10.4.1.2　工业用水浪费

中国工业用水的产值比普遍很低，水浪费极为严重，而且用水的重复利用率也低下，如黄河流域不及25%。改革开放以来，城乡工业蓬勃兴起，耗水量大增，排污量也大涨。

10.4.1.3 城市居民生活用水浪费

近年来，城市居民消费水平提高很快，对生活用水的耗费随之上升。由于水价低廉，很多人用水挥霍无度，如冲地面、洗汽车、游泳池用水等。

10.4.1.4 天然雨水蒸发流失

中国北方的东北诸河、海滦河、黄河、淮河以及内陆诸河等五片，平均降水模数为8.8万m^3/km^2，相当于全国平均值的1/3。总降水量约5360亿m^3，占全国总量的19%。对比之下看似数字很小，但数量仍大。以北京市为例，降水蒸发流失的水量就达10亿m^3，若按全市1000万人计，则人均流失水量为100m^3。因此，降水流失的水量也很可观。

10.4.2 与跨流域调水并行不悖的节流措施

10.4.2.1 流域性农业改革

从目前黄河流域的农业情况看，地方主义严重，各自为政，条块分割，上下游用水矛盾突出，亟需由国家农业部门统一规划部署，上、中、下游兼顾，安排农牧区划，合理分配用水，保护生态环境，治理污染，开源节流。

(1) 首先应从保护生态环境入手，科学合理地全面规划，推广生态农业和节水型农业。黄河上游以水土保持、保护水源地生态环境为主，应贯彻执行西部退耕还林还草的补偿政策，把部分水用在发展林业上。中下游则可利用较多的水发展其优势的农业，这符合用水效益优先原则，因为中下游的农业产值远远高于上游。

(2) 改变传统的漫灌为先进的喷灌、滴灌，这样可节约用水2/3，而且灌溉效果大大提高，还能避免盐碱化。设灌溉废弃水蓄水池，再重复利用，既节水又节肥，而且蓄水池还可以收集雨水（以色列早有利用）。一池两用，对抗旱大有好处。

(3) 由专设机构统一用水管理，合理调度，包括流域中的水库电站，全盘解决各地区（工农业）用水需求。

10.4.2.2 工业用水重复利用

当前，工业废污水多未经处理直接排放，或者处理的达标率低，工业用水的重复利用率更低，说明工业用水的浪费十分严重，也就是说国家在水价低廉的政策中贴补资金巨大，但效果很差。与其如此，何不反其道而行之，即对建设废污水处理回用上实行贴补政策，而提高水价，从价格政策，求得节约用水的目的。进而建设城市工业专用水管网系统，与生活饮用水系统分开，实行不同水价。加大加快生态工程建设速度，限制和压缩高耗水产业，发展节水型工业。如果能有效控制城市工业用水，就可解决城市缺水的一半了。这样做，肯定比跨流域远程调水简便、经济、见效快。另外，也可以起到不开采或少开采地下水，避免地下水源枯竭、地表沉陷的不利影响。

10.4.2.3　城乡囤积雨水

中国沿海城市宁波及沿海很多其他城市的居民，由于过去没有自来水厂，其饮用水很多是自家设雨水囤积池或缸囤积的。除了沿海缺少淡水江河的原因之外，他们坚信饮用天落水可以长寿。这是一种良好的自助自救的传统习惯。还有中国香港，在英国统治的漫长岁月里，岛上用水也是由官方修建的雨水囤积池囤积，以自来水形式供应的。囤积雨水的方法值得我们效法。天落水的纯净度比地表水高出许多，符合卫生条件又无污染之害。居民自建，方便省钱，所以是可行的，值得提倡。

中国北方降水集中在汛期 6—9 月 4 个月内，降水量占全年的 60%～90%，所以有条件也有利于收集囤积。城乡公私，都可修建地下或封闭式的雨水囤积池。

10.4.2.4　调整水价运用经济杠杆规律节流

“取之不尽，用之不竭”是人们对水的“0”价或“贱”价的传统观念。如今，我们体会到有时水会尽，有天水会竭。我们想到了水是生命之源，工农业的血脉。进而深刻认识到水是宝贵的自然资源，是国家重要的可持续发展的战略性经济资源。因此，水是有价值的商品。商品在交易流动中，就应计算成本。因为它不是无价或贱价的非商品。我们应认真研究水价，适当厘定水价，要以市场经济杠杆节制用水，杜绝用水浪费。

10.4.2.5　节流和水资源的科学管理

节流和水资源可持续发展的科学管理都很重要。以香港特区的水资源管理为例，当地在供水和用水管理上，采取了一系列措施，如大力宣传节水的重要性；水费按不同用户执行不同的标准；强制性节水，限时供水；采用新科技防渗漏；利用海水冲地面、厕所等。仅最后一项可占总用水量的 16%。香港特区运用经济、行政、法律等手段，取得了节约用水的实效，成为亚洲大城市中耗水量最低的城市之一。

应该指出的是，远程跨流域调水有其优势，但工程艰巨、耗资多、工期长，这是它的缺点。对于节流措施，可能有人认为是“小打小闹”、“零打碎敲”。但以治污带节流这一措施，实际上就是无污染的另一种开源形式。即使是“杯水”，仍可解燃眉之急。它确实是治本之计，而非治标之举。

10.5 展望

（1）中国人口多，可耕地少，水旱灾害十分频繁，是世界上极缺水的国家之一，尤其是中国北方，存在资源性缺水、时空性缺水、污染性缺水和浪费性缺水。水资源短缺，无疑已严重影响和制约了社会经济的可持续发展。针对这一情况，采取跨流域南水北调，是可持续发展的战略措施，是非常必要的。而且是21世纪中国水利建设的重点和特点。

（2）跨流域调水改变了河流的自然流向和径流量分配，因此是改造自然的宏伟事业。其含义、内容和规模，实际上已远远超出了单纯水利工程的范畴，而是多学科综合研究的对象，决非单一学科所能解决的；对有关的人文、环境、经济、社会等重要因素的影响，应作全面、深入的研究和更多的关注。

（3）生态环境问题是调水工程规划设计的中心和重点问题，对于南水北调中线工程的生态环境影响，包括对丹江口水库及其以下汉江中下游的生态环境影响问题等，长江水利委员会长江流域水资源保护局，早在20世纪70年代就开展了丹江口水库及汉江的水质监测工作，积累了系统的水质理化参数监测资料。但近20年来发生了一些新情况，如上面谈到的汉江“水华”污染。目前，长江沿江很多城镇都出现了污染性缺水，警钟已鸣，应引起注意。人类与自然应该和谐统一，人类的活动应当与河流相协调；水资源的持续利用是所有自然资源保护和可持续利用中最重要的。

（4）节水和治污是解决水资源合理配置和永续利用的两大关键。社会和经济的可持续发展，受制于地区水资源和水环境的承载能力，而节流就是提高水资源承载能力最直接和最主要的方法。防污治污是水资源保护管理的永恒主题。南水北调工程建设，应遵循“三先三后”，即“先节水后调水，先治污后通水，先环保后用水”的原则进行。

第三编　水利工程环境保护管理与监理

第十一章　水利工程建设中的环境保护监理

11.1　工程监理概况

工程建设监理在欧洲从产生发展到现在，已有百余年的历史。“监理”意为工程建设的“项目管理”，包含对工程项目的可行性研究、立项建议书、规划计划、勘察设计、施工建设、监测验收、运行管理和组织、指挥、协调、决策、建议等职能和措施，以求工程建设的质量、工期、投资达到好、快、省的计划目标。20 世纪 60 年代，国际建设监理业务扩大，由原建设项目施工阶段扩展到立项决策阶段，后覆盖工程的全方位、全过程。70 年代，发达国家的建设监理逐步制度化、法制化。英国、美国、日本等国家都颁布了监理法规。80 年代后，发展中国家开始引进和建立建设监理体制。

1949 年新中国成立时，国民经济为计划经济体制，1958 年诞生了“工程指挥部”的管理模式。至今，工程建设监督方式大致经历了三个过程，按通俗形象的说法就是：①土法上马——新中国成立初至 20 世纪 70 年代。业主方和承包方是公对公的关系，即行政监督和施工单位自检。②摸石过河——20 世纪 70 年代至 80 年代初。实行政府方专业质量监督与地方企业自检相结合模式。③边整边改——20 世纪 80 年代后。基础建设领域进行了一系列改革，并引进建设监理制度，建设监理逐步引用扩大，并取得了一定效果。但目前所实施的各项监理均仅是对工程实施阶段的施工内容进行监理，不全面、不彻底。另外，国家仍未制定工程建设环境保护监理的专门法规，国家环境保护主管部门也未建立健全环境保护监理制度。这与环境保护国策和 21 世纪社会、经济可持续发展极不适应。

11.2 环境保护监理

11.2.1 环境保护监理的任务和目标

环境保护监理是工程建设监理的派生分支，是工程建设监理的重要组成部分，但同时又具备相对社会化和专业化的独立性，是工程建设中环境保护的重要内容和监督管理措施，而且是一种新型的环境保护管理方式，是环境保护工作之一。2002 年，国家环境保护总局等部门联合在全国重点建设项目中开展工程环境监理试点工作。

我国监理制度现仅适用于工程施工阶段。而施工期环境保护监理的目的是使施工现场的环境保护监管贯穿工程整个施工阶段，保证环境保护设计中各项环境保护措施能够贯彻，确保施工合同中有关环境保护条款落实。故工程施工阶段的环境保护监理任务可简述为：①管理，即对施工组织设计中环境保护部分的审核、环境保护设（措）施检查、环境监测、环境污染问题监控、环境质量问题索赔、生态恢复管理等；②协调，即在业主和承包商之间、业主与设计单位之间及工程建设各部门之间就环境保护问题进行协调处理；③控制，即对环境保护方面的质量、进度、投资进行控制。

11.2.2 我国环境保护监理的发展概况

20 世纪 80 年代中期以后，我国一些“三资”企业（中外合资、中外合作、外商独资）建设的工程，如黄河小浪底水电站、山西万家寨引黄工程、四川二滩水电站、长江三峡工程和湖南、湖北长江堤防工程（部分）等引进外国监理单位承担包括环境保护监理在内的综合监理任务。2002 年 10 月，国家环境保护总局联合有关部门颁发了《关于在重点建设项目中开展工程环境监理试点的通知》。2004 年 6 月，国家环境保护总局又下达了《关于进行建设项目施工期工程环境监理工作阶段总结的通知》，表明国家已开始重视工程建设的环境保护监理工作。

我国现行工程环境保护监理组织分两个层次：里层为工程环境保护监理自身的组织形式，是项目型，也是职能型或直线型组织形式；表层为工程环境保护监理在工程项目管理体系中的存在形式。1978 年成立的长江水资源保护科学研究所根据 2001—2003 年在长江重要堤防隐蔽工程试点环境监理的经验，以及随后开展的“治理深圳河三期工程环境监察与审核”、“广西右江百色水利枢纽工程环境保护与水土保持监理”、“湖南澧水皂市水利枢纽工程水土保持监理”等，逐步建立和发展了如下三种环境保护监理模式：

（1）环境监测与环境保护、水土保持监理捆绑总承包模式。

（2）环境监测与环境保护监理捆绑、水土保持单独委托模式。

（3）环境保护监理、水土保持监理单独委托模式。

11.3　我国实施环境保护监理的工程实例及经验

11.3.1　黄河小浪底水利枢纽工程

黄河小浪底水利枢纽工程（1994—2001年）是我国用部分世界银行贷款、实行国际招投标制和工程监理制兴建的、实施全面与国际接轨的工程。在世界银行专家的关注和黄河小浪底水利枢纽工程建设管理局的大力支持下，该工程引入了环境保护监理机制，在施工区和移民安置区开展了环境保护监理工作，并引进多项环境保护监理新规范和新标准，这些在我国水利水电工程建设过程中尚属首次。其成功经验是：

（1）建立健全完善的环境保护监理保障组织体系和制定《黄河小浪底水利枢纽工程施工区环境保护管理办法》及《黄河小浪底水利枢纽工程施工区环境保护工作实施细则》，是贯彻执行环境保护方针、政策、法规和办法等的重要保证。

（2）须具备充分的环境保护监理依据和国家的重视与支持。

（3）建立完善的环境保护监理工作制度，是完成工作任务的保证环节。

（4）承包商及分包商是施工期环境保护工作的实施主体。

（5）大坝工程与移民工程的环境保护监理机构要分开设置，目标明确，职责分明。

（6）移民安置区环境保护监理工作重点是普及提高移民村干部、环境保护管理员的环境保护意识。

为保证黄河小浪底水利枢纽工程建设环境保护工作的顺利实施，根据环境保护监理的要求，承包商逐步建立了自身的环境保护体系，对辖区内的环境保护工作进行内部检查和监督。每个月根据各部门环境保护工作情况编制环境月报告，报环境保护监理工程师审查。

11.3.2　长江重要堤防隐蔽工程

长江重要堤防隐蔽工程试点环境保护监理工作由长江水资源保护科学研究所承担。通过在施工期（1999—2003年）对工程环境保护设计中提出的各项环境保护措施与施工承包合同中环境保护条款的履行，进行现场监督检查，确保工程建设符合环境保护法规和环境质量标准，满足工程竣工环境保护专项验收要求，即环境保护监理发现环境问题后通知施工单位改正，并以工程监理站的名义向承建单位下达环境行动指令；遇到较大的环境问题时，要与承建单位、工程建设监理共同商议解决方案；向建设单位提交重大环境问题的处理报告。

笔者通过亲身实践，总结其成效和经验为：

（1）环境保护监理单位在工程施工前组织、指导和审定承包商编制《工程施工区环境保护实施计划》，并在《施工组织设计》中安排环境保护措施，以便有效控制施工带来的水土流失、环境污染等问题。

（2）加强监督执行机制，使环境保护工作落到实处。环境保护监理人员用巡视、旁站、环境监测和监察等环境保护监理方式及时制止施工人员任意排污和破坏生态环境的违法行为。事后又通过下达环境保护监理指令、工程进度款审核、费用索赔、工程延期批准，促使工程项目部处理有关责任人和单位，并按有关要求停工整顿，直到解决环境问题为止。

（3）指导承包商等重视环境保护与自我保护意识。

11.3.3 治理深圳河第三期工程

治理深圳河第三期工程第一阶段（2001—2003 年）设计、施工及环境保护监理均由长江水资源保护科学研究所及香港博威公司共同承担，采用工程环境监察与审核制度，即环境保护监理发现环境问题后通知业主，由业主向施工单位下达环境保护行动指令；遇到较大的环境问题时，与业主、香港特区环境保护署和深圳市环境保护局共同商议解决方案；待问题解决后再向以上单位提交处理报告。本工程环境保护监理的原则是：

（1）减少和避免洪涝灾害造成的环境污染。

（2）改善深圳河水质状况。

（3）保护和改善生态系统。

（4）消除空气腐臭异味。

（5）美化景观。

（6）有利于公众健康。

总之，不论工程类型、规模，本项目环境保护监理在工程规划、设计及施工各阶段都起到了组织、指挥、协调、监督和控制的重要作用，从而保证了工程的顺利完成。

11.3.4 广西右江百色水利枢纽工程

广西右江百色水利枢纽工程环境保护与水土保持监理由长江水资源保护科学研究所和江河水利水电咨询中心联合实施。针对工程修建雨、污分流排水系统并设污水处理厂，建设阳圩镇水厂并使用水质净化器，修建城镇公园、生态垃圾处理场，进行村屯、农业开发区、道路绿化建设，修建湖边绿化带、生产防护林带，设立水源地保护区等建设内容，采取如下水土保持监理措施：

（1）开工前进行了环境调查，对施工组织设计中的环境保护与水土保持措施进行了审核，对完善环境保护与水土保持措施提出了建议与要求。

（2）在施工过程中，对环境保护与水土保持措施落实情况进行巡视监理与跟踪检查，对弃土处置、废水泥浆控制中出现的环境问题及时进行了处理。

（3）采取了工程款支付审核签证控制措施。

（4）按时提交环境监理月报，对不同阶段的环境保护措施实施情况进行了评估。

通过对环境保护与水土保持措施事前审核，事中监察，发现问题及时处理，事后复核与评估，消除了环境问题和隐患，对控制敏感的环境问题收到了明显的效果。

11.3.5 长江三峡工程

长江三峡工程由于历史的原因，在1993—2004年工程施工的前两期，基本上没有（极少数项目例外）委托社会化、专业化的环境保护监理机构和执行环境监理制度。但国务院三峡工程建设委员会仍然重视环境保护工作，除设立办公室、水库管理司等直接监管三峡工程建设环境保护工作外，还聘请综合性监理单位，采取了新、旧结合的工程监理模式对包括工程环境保护设（措）施实行监督、监测、质控等实施综合性监理措施，对承建单位等要求在施工期认真组织实施环境保护工作。

长江水资源保护科学研究所针对三峡等重大工程区域的水资源、水生态、水环境等问题承担的重大科研课题数以百计，同时也是其水资源保护工程与环境监理单位（2004年获水利部乙级监理单位资质）。主持了三峡工程的环境影响评价，环境保护规划、设计，水土保持方案设计，施工环境监测、监理及管理。涉及三峡工程施工区以外的生态环境补偿项目建设监理有：湖北省兴山县龙门河常绿阔叶林自然保护工程监理、三峡库区龙门河常绿阔叶林的植物多样性研究监理、疏花水柏枝和荷叶铁线蕨抢救性保护工程监理、长江湖北宜昌中华鲟自然保护工程建设监理、长江三峡工程生态与环境监测系统监理等。

2005 年 2 月，建设单位中国长江三峡工程开发总公司按照国家环境保护总局指令，在第三期（2004—2009 年）三峡工程已开工的情况下，补做有关“环境影响报告表”，并在复工后实行环境保护监理新体制。业主正积极外聘有环境保护监理资质的长江水资源保护科学研究所承担此任。毫不夸张地说，这是世界级工程施工区实施环境保护监理的开创性的范例。

从长远观点看，三峡工程等大中型工程建设环境保护监理工作的战略性、重要性在于：

（1）这些工程环境保护工作的复杂性与艰巨性，以及在时空上的广泛性，要求有一支社会化、专业化的队伍对工程建设中的环境保护工作实施科学的、全面的、全过程的监督管理，环境保护监理是工程的需要。

（2）工程建设管理体制中必须包括环境保护监理，环境保护监理应是重要组成部分。

（3）环境保护工作在工程建设的可行性研究、规划、设计、招投标、施工、运行和管理等各阶段的相对独立性要求后续的工程建设管理也应开展环境保护监理工作。

11.4 工程建设监理的先进模式

20 世纪后半叶，欧美发达国家工程监理在原有的社会化、专业化的原则基础上，产生了新理论和新模式。

（1）根据管理主体可分：业主方的、设计单位的、施工单位的以及材料、设备供应单位的项目管理。

（2）根据服务对象可分：为业主服务的、为设计单位服务的和为施工单位服务的项目管理。

（3）根据服务阶段可分：施工阶段的、实施阶段全过程的和工程建设全过程的项目管理。

另外，工程咨询是近现代工业化的产物。这种集中专家团体或个人的智慧和经验，运用现代科学和工程技术以及经济、管理、法律等方面的知识，为建设工程决策和管理提供的智力服务，完全适应现代经济发展和社会进步的需要，在发达国家很盛行。例如：

（1）建设工务管理模式。将设计工作分为若干阶段完成，每一阶段设计工作完成后，立即组织相应工程内容的施工招标，确定施工单位后即开始相应工程内容的施工。与此同时，下一阶段设计工作应继续进行，完成后再组织相应的施工招标，确定相应的施工单位。这种模式可理解为流水作业管理模式。

(2) 工务—购置—营建管理模式。这种模式中，承包商承担大部分风险，业主或业主代表管理工程实施，使用总价合同。

(3) 合作营运管理模式。这种模式适用于业主长期有投资活动的建设工程，不宜采用公开招标或邀请招标的建设工程，复杂的不确定因素较多的建设工程，国际金融组织贷款的建设工程。

(4) 项目程控管理模式。咨询单位在建设工程参与各方的配合下，对大型工程进行项目管理。

11.5　环境保护监理与水利工程可持续发展的关系

(1) 就水资源而论，如果水资源与水环境的承载能力超负荷，生态平衡遭受破坏，就不可能持续发展。所以，就必须要以资源和环境的承载能力为基础，确定资源开发利用的方式、水平和保护目标。环境保护和环境保护监理是解决社会经济和环境协调发展与资源永续利用的两个同一目标的重大措施。

(2) 众所周知，水利工程综合效益巨大，但对环境也存在着利弊影响。如环境保护不善或失误，往往导致严重的环境问题，例如湖南东江水库蓄水后就造成库区流行性疾病发生等。环境保护监理是环境保护的有效管理手段，所以必须充分利用这一手段，做好水利工程的环境保护工作。

(3) 可持续发展的前提是工程的安全高效。为了确保水利工程运行安全，充分发挥其设计功能，创造高效益，要求在规划、科研、设计、施工、运行等各环节，都加强管理，而环境保护监理就是工程管理的重要组成部分。因此，为了实现工程建设各阶段与环境保护的同步进行，必须重视工程的环境保护管理。

随着我国社会主义市场经济体制的发展和完善，以及加入 WTO 和工程建设管理体制改革等新形势的变化，工程监理面临更高的要求，那就是这项制度不仅要加强工程建设管理，控制工程质量、工期、投资、环境保护并提高经济效益，而且应着眼于社会经济可持续发展的重大战略目标。

11.6　建议

(1) 建设单位的工程建设环境保护管理应由独立的工程环境保护监理单位来实施，走社会化、专业化的道路。建议将环境保护监理制度推广到与环境保护有关的所有工程建设领域。

(2) 我国现行工程建设监理制仅适用于施工阶段，且未强制执行环境保护监理，这与环境保护国策和21世纪社会、经济的可持续发展极不适应。因此，代表建设单位进行全方位、全过程的工程项目管理，将是工程建设监理发展的方向，即实行包括项目的建议书、可行性研究、决策，工程的勘察设计、施工、验收、运行、管理等工程建设全过程和包含环境保护监理、目标控制、风险管理等内容更广泛的全方位服务的监理制度（国外统称“项目管理”）。

（3）既要强制实施工程建设环境保护监理，又要提高全民环境保护意识，并尽快建立健全工程建设环境保护法规和环境保护监理法律制度。积极培养大批环境保护监理干部，组成具有较高业务能力、道德素质和工作水平的监理工程师队伍。

第十二章　长江三峡第一、二期工程施工区环境保护管理

12.1　三峡工程建设概况

长江三峡工程对生态与环境的远大影响，是国内外关注的焦点。中国长江三峡工程开发总公司把环境保护作为三峡工程建设的组成部分，确立了“环境建设与工程建设同步”的指导原则，采取了一定的环境保护管理措施，使施工区环境污染得到必要的初步控制。

三峡工程施工量大，工期长，施工单位多，涉及的环境因素复杂，总工期17年，结合施工期通航的要求，分三期施工（1993—1997年，1998—2003年，2004—2009年）。由于工程的重要性、复杂性、特殊性及历史形成的原因，工程前两期施工管理实行封闭型模式，工程施工区环境污染控制取得了一定成效。

12.2　三峡第一、二期工程施工区环境保护管理工作回顾

12.2.1　环境保护管理制度

建设单位中国长江三峡工程开发总公司（以下简称“三峡总公司”）对三峡水利工程建设的环境保护工作较为重视，1993年就成立了环境及文物保护委员会咨询机构。同时，在坝区管理部设置了环境保护处，具体负责施工区环境保护管理工作。1997年，环境保护处还下设了施工区环境保护监督检查和环境监测的执行机构——坝区环境保护中心。

三峡工程建设和管理实行“建设部负责制、招标投标制、建设监理制、合同管理制”体制，施工区实行“以三峡总公司为主，地方政府配合”的封闭型管理模式，其环境保护管理也实行由三峡总公司统一管理与各承建单位分项管理相结合的特殊体制。

为加强施工区环境保护的规范性管理，中国长江三峡工程开发总公司1994—1996年先后制定了《三峡工程施工区环境保护管理实施办法（试行）》、《三峡工程施工区环境卫生管理办法》及其实施细则、《三峡工程施工

区绿化规划、实施和管理办法》,2000年又制定了《三峡工程施工区环境监测监督管理办法》。

12.2.2 环境保护监督与监测

《三峡工程施工区环境保护管理实施办法(试行)》等法定文件明确了参建各方的职责、权利和义务,以及施工区相关环境保护工作的基本内容、范围、管理程序及奖惩办法等,所有规定内容作为合同条款的有机组成部分,纳入合同管理范畴。中国长江三峡工程开发总公司通过完善合同条款、加强设计审查和对项目实施及运转的监督,开展现场环境保护监督管理。

施工区环境监测工作从1992年开始,由中国长江三峡工程开发总公司采取合同管理的形式委托长江流域水环境监测中心总承,中国长江三峡工程开发总公司坝区环境保护中心负责总协调,并根据合同及《三峡工程施工区环境监测监督管理办法》进行质量考核。

12.3 本阶段环境保护监管小结

环境保护是我国的一项基本国策。自20世纪70年代开始,国家陆续颁行了《中华人民共和国环境保护法》、《中华人民共和国建设项目环境保护管理条例》、《中华人民共和国环境影响评价法》、《建设项目竣工环境保护验收管理办法》等法律法规,要求贯彻执行建设项目环境影响评价、"同时设计、同时施工、同时投产使用"和竣工环境保护专项验收等制度。但在建设项目执行这些制度的过程中,因没有建立相应配套的工程环境监理制度,多年来,工程建设施工阶段环境污染与生态破坏基本失控。

三峡工程建设项目管理在第一、二期工程施工阶段,逐步实施了业主制、招标投标制和工程监理制。但由于受各方面条件的制约,环境保护监督管理工作没有纳入工程建设监理中,更没有实行环境保护监理制度。所有环境保护监督管理工作均由建设单位中国长江三峡工程开发总公司坝区管理部环境保护处进行管理,既是运动员,又做教练员,还当裁判员。这既不符合监督管理的游戏规则,也不满足国家环境保护总局的明确要求。三峡第一、二期工程施工区环境污染和生态破坏问题日益突出也引起国家和环境保护主管部门的高度重视。实行环境保护社会化、专业化管理,建立工程建设环境保护监理制度正是顺理成章的必然之势。

12.4 展望

现代水利水电工程建设项目开发目标多样化，规模越来越大，随着水利观念和水利科技的不断进步，人们逐渐认识到消除不利生态环境影响、开展生态与环境建设是水利水电工程建设项目的重要组成部分，也是社会和经济可持续发展的基本要求，直接关系到社会的稳定和人民能否安居乐业。保证环境保护措施的执行和环境保护投资的落实，切实做好建设项目环境保护工作，将改善自然、社会和投资环境，促进社会文明和进步。

三峡工程对生态与环境的影响有利有弊，必须予以高度重视。虽然对很多重大的疑难问题，在政策上和规划设计上已经得到较好的妥善处理解决，但在工程施工措施和环境保护监管（包括施工进度和投资控制等）方面还必须采取切实措施，并确保执行实效。

在水利水电工程施工期间，环境保护工作具有点多面广、政策性和专业技术性强等特点，如果由建设单位自行管理或由不含环境保护专业的工程建设监理单位代管，则环境保护目标难以很好地实现。只有利用社会化的环境保护监理专业机构的知识、技能和经验，加以必要的试验和测试手段，才是确保环境保护“三同时”制度有效落实，减免环境污染，保护生态环境，实现工程经济、社会和环境效益统一的必由之路。

第十三章　长江三峡第三期工程施工环境保护监理新模式研究

13.1　三峡工程环境保护工作概况

1992年底三峡准备工程实施以来，建设单位中国长江三峡工程开发总公司认真贯彻落实长江水资源保护科学研究所编制的《长江三峡工程施工区环境保护实施规划》，在第一、二期工程施工中，对施工区采取了一系列环境保护控制措施和管理办法，使环境污染得到了初步控制。但施工区环境污染和生态破坏问题仍日益突出，引起了国家和环境保护主管部门的高度重视。

2005年，国家环境保护总局对《长江三峡水利枢纽地下电站和电源电站环境影响报告表》的批复意见提出三峡第三期工程必须实行环境监理的明确要求。中国长江三峡工程开发总公司为了顺应工程建设环境保护新形势，并为工程竣工环境保护专项验收奠定基础，自2005年起实施环境保护监理新形式。

13.2　三峡第三期工程施工区环境保护监理新模式

中国长江三峡工程开发总公司为了适应三峡第三期工程建设环境保护工作的新形势，从整体上加强对施工区的环境保护工作，进一步完善环境保护管理体制，为工程环境保护专项验收及竣工验收奠定基础，建立了科技与环境保护部，并决定实行新型的环境保护监理模式，即在中国长江三峡工程开发总公司环境及文物保护委员会指导下，在中国长江三峡工程开发总公司科技与环境保护部直接负责环境保护管理体制的基础上，再由中国长江三峡工程开发总公司工程建设部和技术管理部外聘长江水资源保护科学研究所负责第三期工程施工区环境总监理业务，以协助业主中国长江三峡工程开发总公司进行环境保护管理工作。

三峡第三期工程施工区环境保护管理新体制如图13－1所示。

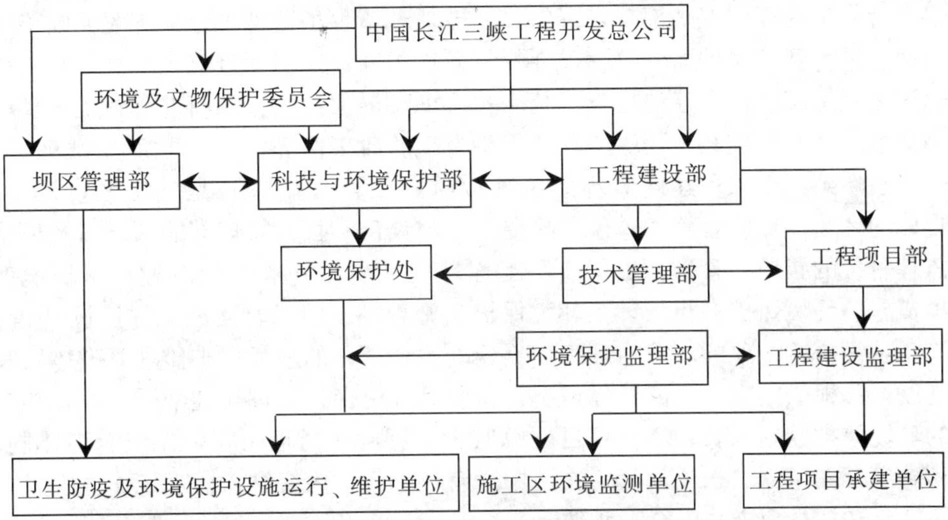

图 13－1　三峡第三期工程施工区环境保护管理新体制示意图

13.3　建立新的环境保护监理法制体系

2005 年，中国长江三峡工程开发总公司根据 10 年来三峡工程建设环境保护管理的经验教训，在环境保护监理新模式下，授权其下属工程建设部和技术管理部制定出包含新增环境保护监理重要内容的《三峡第三期工程施工区环境保护管理实施细则》、《三峡第三期工程施工区环境保护工作考核办法》和《三峡第三期工程施工区环境保护管理法律法规汇编》。

《三峡第三期工程施工区环境保护管理实施细则》是根据 1994 年中国长江三峡工程开发总公司制定的《三峡工程施工区环境保护管理实施办法（试行）》并结合第三期工程的特点而制定的，它是为了确保施工区环境保护管理具体实施的基础性文件，是监理工作的行动指南。它强调了三峡第三期工程施工区环境保护监督管理的新体制，突出了环境保护监理模式，附加了建设监理单位环境保护监理业务。

三峡第三期工程施工区环境保护主管部门是中国长江三峡工程开发总公司工程建设部和技术管理部，负责对施工区环境保护实行统一的监督管理并接受环境保护行政部门的监督、检查和指导。

三峡第三期工程施工区环境保护监理单位（简称环境监理单位）是长江水资源保护科学研究所，环境保护监理部办公室设在中国长江三峡工程开发总公司工程建设部和技术管理部，接受其领导和管理，主要协助环境保护主管部门进行施工区环境保护部分管理工作。专业环境保护监理工程师主要在施工现场独立进行环境保护监督管理，在授权范围内通过工程项目部的配合，对工程建设监理工程师提出建议或下达指令；协助环境保护主管部门进行施工区环境污染事故调查处理和工程竣工环境保护专项验收工作等。

三峡第三期工程建设监理单位（简称建设监理单位）是施工区直接的、具体的环境保护监督管理单位，接受工程建设部和技术管理部的领导以及环境监理单位的指导与管理，负责三峡工程环境影响评价报告书（表）中环境保护措施、环境保护初步设计、环境保护实施规划、施工合同环境保护设（措）施条款等执行情况的环境监理工作，建立健全统一的环境保护监理管理体系和制度，并根据监理项目的具体情况，编制其环境保护监理实施细则，配备相应的环境保护监理人员，实行项目副总监理工程师、监理工程师二级管理体制，将施工合同条款、初步设计等文件中所有环境保护内容纳入监理工作范围，对施工活动实行全方位、全过程监理。

三峡第三期工程施工区各承建单位必须建立适合本单位的环境保护管理制度，实行项目负责人—职能管理部门—现场管理人员三级环境保护管理体系，配备环境保护管理人员，组织实施和检查三峡工程环境影响评价报告书（表）中环境保护措施、环境保护初步设计、实施规划和施工合同等环境保护内容，针对施工项目制定环境保护管理计划，并经环境保护监理单位审查后报环境保护主管部门审批后方能施工。施工后，定期向环境保护监理单位报送施工环境保护内容的统计报表和年度总结。必须保证环境保护设施与承包项目同时施工、同时投入运行。

《三峡第三期工程施工区环境保护管理实施细则》还规定：凡承担工程建设环境保护设（措）施的承建、监理单位，须从其承包合同经费预提的质量保证金中划定30%的经费作为环境保护保证金。

13.4 环境保护监理的任务及范围

13.4.1 工作任务

（1）施工环境保护设施检查。包括对三峡第三期工程施工区内砂石料加工系统废水处理设施、混凝土拌和系统废水处理设施和除尘设施，电站和厂坝项目施工的防尘降噪设施、基坑排水设施、水土保持设施，以及施工区卫生填埋场等工程施工涉及环境保护的设施进行运行情况检查。监督环境保护设施运行管理单位是否按设计和合同规定维护环境保护设施正常运行，包括建立运行管理体系、建立运行维护台账和报告制度。

（2）环境保护统计。包括：①污染源源强调查统计，包括施工中的水、气、声、渣等各类污染源。由各承包商统计每月施工中产生的污染物量，由工程监理单位复核后报环境监理单位审查。②环境保护治理工作统计，包括对水、气、声、渣等各类污染物的治理率以及资金投入、人员投入的数据统计。由各承包商每月统计，由工程监理单位复核后报环境监理单位审查。③环境质量的数据统计。由负责单位或部门按时统计，报环境监理单位。

（3）施工现场环境保护监理。对大坝、厂房、地下电站、电源电站、临时船闸改冲沙闸，以及工程相关辅助区的施工活动环境保护措施执行情况进行检查，检查要素包括水质保护、空气质量保护、噪声控制、固体废物处置、水土流失防治、文明施工等方面。

（4）综合管理。包括：①环境保护文件报告起草，协助中国长江三峡工程开发总公司工程建设部和技术管理部起草与环境保护工作有关的文函，协助其编制有关报告、年度工作总结中的环境保护篇章，审核合同单位向中国长江三峡工程开发总公司工程建设部提交的环境保护管理计划、环境保护专项报告等文件。②环境保护监理成果资料整编归档管理，监督施工、监测、调查等单位环境保护工作成果归档。

（5）协助工程竣工环境保护验收与总结。协助向国家环境保护总局进行工程竣工环境保护验收申请工作，编制中国长江三峡工程开发总公司工程建设部负责的相关报告中的环境保护篇章，协助中国长江三峡工程开发总公司工程建设部进行三峡工程竣工环境保护验收报告编制的招投标工作，协助中国长江三峡工程开发总公司工程建设部编写环境保护工作执行报告，提交环境保护监理总结报告和环境保护工作总结报告。

13.4.2　工作范围

三峡第三期工程施工区大坝、厂房、地下电站、电源电站等施工项目环境保护设（措）施的环境保护监理。

13.5　环境保护监理机构及工作程序

13.5.1　工作机构

长江三峡第三期工程施工区环境保护监理部办公室设在中国长江三峡工程开发总公司工程建设部和技术管理部，接受其领导和管理。工作实行环境保护总监理工程师负责制，设置数名专职环境保护监理工程师和监理员岗位，负责对大坝、厂房、地下电站、电源电站等施工和辅助施工（砂石料加工、混凝土拌和）项目环境保护设（措）施进行检查、环境保护统计、综合管理等环境保护监理业务。

13.5.2 工作程序

（1）长江水资源保护科学研究所根据《长江三峡工程施工区环境保护实施规划》和中国长江三峡工程开发总公司工程建设部对环境保护监理的委托，派出有环境保护监理资质的单位及其人员成立有关环境保护监理部，全面负责三峡第三期工程施工区环境保护监理工作。

（2）根据环境保护监理合同和环境保护监理大纲，在掌握三峡第三期工程施工区环境保护管理体系下，编制环境保护监理规划，以作为环境监理单位全面开展环境保护监理工作的指导性文件。

（3）根据环境保护监理规划编制环境保护监理实施细则，以具体指导环境保护监理工作。

（4）根据环境保护监理实施细则明确的各项工作目标和职责，按计划展开各项日常监理工作。

（5）环境保护监理参与各单项工程的预验收，及时发现环境问题并提出整改要求，协助工程建设部组织阶段性竣工环境保护验收，签署环境保护监理意见。

（6）在三峡第三期工程施工区环境保护监理工作完成后，环境保护监理单位负责向中国长江三峡工程开发总公司工程建设部提交环境保护监理工作总结报告、环境保护监理工作档案和资料。

13.6 环境保护监理的管理工作

13.6.1 工作方式

（1）审核承包商开工前提交的工程施工组织设计中有关环境保护方面的设计、设计变更、管理计划、月报、统计资料、工程验收报告等，并签署环境保护监理意见。对不符合环境保护要求的文件，提出整改意见。

（2）巡视检查承包商在三峡第三期工程施工区施工活动中环境保护措施的执行情况。对大坝、地下电站、电源电站等主体施工区和专项环境保护设施每天巡查一次，对工程相关辅助区每周巡查一次；对巡查区域按环境因子逐项进行评述，记入监理日志；发现问题，立即在施工现场通过工程建设监理通告施工单位，责令改正，并补送环境问题通知单。对现场不能有效处理的环境问题，及时向工程建设部报告。

（3）环境监测。①要求承包商委托有环境监测资质单位对涉及排污的施工项目进行环境监测。②按照《长江三峡工程施工区环境保护实施规划》，定期对施工区进行环境监测。

13.6.2　工作机制

环境保护监理协助工程建设监理对三峡第三期工程施工区大坝、电站及辅助工程施工过程建立事前、事中、事后的全过程前馈－反馈监控机制。事前进行环境保护设（措）施设计审核，建立预控、预警机制，避免敏感环境问题的产生；事中加强环境保护措施的检查与监督，发现环境问题协同工程建设监理单位向承建单位下达整改指令；事后对各项环境保护设（措）施进行复核评估，消除遗留环境问题和隐患。

13.6.3　工作制度

（1）工作记录制度。环境保护监理人员现场巡视后应填写监理日志，重点描述现场环境保护工作情况，发现问题时，应记录问题发生的位置及责任单位，由环境保护监理工程师分析产生问题的主要原因，提出处理意见。

（2）会签制度。为建立有效的环境保护监控机制，在现行的工程文件签批程序中，凡与环境保护有关的文件，增加由环境保护监理单位参加会签的环节。

（3）会议制度。环境保护监理人员根据需要，不定期参加工程例会，协商解决因施工出现的环境问题。

（4）报告制度。施工阶段由承建单位编报有环境保护工作内容的施工月报，环境保护监理单位编制环境保护监理月报、年报。当环境保护监理发现重大环境问题时，还应编写环境保护监理专题报告。

（5）环境保护措施审核制度。对拟建工程开工前，环境保护监理工程师审核施工单位环境保护管理体系、施工组织方案及措施；完工时参加工程质量验收，对照施工合同环境保护条款和环境保护措施检查其落实、完成情况，并签署环境保护监理意见。

（6）档案资料管理制度。环境保护监理档案资料专人管理，实行签收发制度。按中国长江三峡工程开发总公司档案管理规定和保密管理规定实施环境保护工作的档案资料建立与管理。

13.6.4　考核与奖惩

《三峡第三期工程施工区环境保护工作考核办法》的制定为三峡第三期工程建设单位对监理、承建等单位环境保护工作的监督管理提供了法定依据，并在考核内容、考核形式、考核组织、评定结果和奖惩制度等方面都有据可查。考核工作由中国长江三峡工程开发总公司工程建设部和技术管理部组织实施。

13.7　展望

近年来，中国对建设项目施工环境保护管理与环境保护验收提出了新的要求。为了适应新的形势，从整体上加强对施工区的环境保护，进一步完善环境保护管理体制，为工程竣工环境保护验收奠定基础，中国长江三峡工程开发总公司已在三峡第三期工程施工中实行了新型环境保护监理模式，即聘请长江水资源保护科学研究所承担施工区环境保护监理业务。

应指出的是，受聘环境保护监理的单位在合同上是乙方关系，而在实际工作中，仍是处于甲方地位的内部管理形式，与第一、二期工程阶段的情况没有实质变化。严格来说，这还不能算是完全意义上的第三方中介地位的环境保护监理单位并开展独立的环境保护监理工作。

加强环境保护监理规范工作，可避免无序建设施工、环境保护设施浪费、措施重复等现象发生，既可充分发挥环境保护投资的作用，又能有效地使用环境保护经费；可有效解决施工期间造成的水土流失、物种灭绝、景观破坏等生态环境问题，也就是预防环境污染事故的发生，避免生态环境破坏造成的经济损失。在当前国家尚未制定建设项目环境保护监理规范期间，三峡第三期工程施工区实行环境保护监理新模式可算是过渡时期新的尝试。

第十四章　南水北调中线丹江口大坝加高施工环境保护监理制度

14.1　历史背景

丹江口水利枢纽位于湖北省西北部的丹江口市，长江最长支流汉江与其支流丹江汇合口下游，是南水北调中线工程的水源工程，也是解决汉江中下游防洪的关键性和控制性工程。工程于1958年10月开始建设。原设计正常蓄水位170m，相应库容290.5亿m^3，坝顶高程176.6m。装机6台，总容量90万kW。工程在建设过程中遭遇三年自然灾害，加上苏联逼债、绝援，国家经济困难，改为分期建设。一期工程坝顶高程减为162m，正常蓄水位157m，相应库容174.5亿m^3。1967年11月蓄水，1968年10月1日首批机组发电，1973年一期工程建成。迄今运行40多年来，发挥了巨大作用，取得了显著的经济效益及社会效益。

14.2　时代要求

为了尽快解决我国水资源短缺和时空分布不均（南方多北方少）的问题，特别是近30年来，北方地区水资源紧缺的矛盾日益突出，严重影响经济社会发展和人民生活，中共中央关于制定“十五”计划的建议和第九届全国人民代表大会第四次会议通过的“十五”计划提出：“加紧南水北调工程的前期工作，尽早开工建设。”

历经半个世纪的研究论证，2002年12月23日，国务院正式批复《南水北调工程总体规划》。12月27日，国务院在人民大会堂举行南水北调工程开工典礼，朱镕基总理宣布了南水北调工程开工。中线一期工程定于2003年开工建设，2010年全线通水。2005年9月26日，丹江口大坝加高工程已正式开工。根据水文资料分析，只有在大坝加高后才能较好地满足北调水的供水保证率和调水量要求。加高后，汉江中下游防洪标准由20年一遇提高到100年一遇，两岸14个民垸70多万人可基本免除洪水威胁。

大坝加高也是施工技术最为复杂的工程。规模大，难度高，目前在国内可算首例。工程包括两岸土石坝、混凝土坝顶加高14.6m，电站按原规模进行改造，水轮机水头增大，出力加大，发电量增多，一切都达到原设计指标。通航建筑物升船机须相应进行改建，其规模由150t级提高到300t级。

大坝加高工程施工在电站运行状态下进行，施工期必须满足汉江中下游防洪要求，减少对发电的影响，保证汛期泄洪设施正常运行。工程完成后，可相应增加库容116亿m^3。第一期调水规模为95亿m^3，不仅可以缓解北京、天津、河北、河南等地的缺水危机，同时也将对汉江中下游防洪起到积极作用。

大坝加高工程涉及水资源规划、环境影响、工程设计、施工、环境保护监理，以及新老混凝土接合问题等方面的工程项目和技术课题。

14.3 对环境的影响及环境保护方案

据《南水北调中线工程环境影响评价报告书》，加高丹江口大坝，改变了丹江口水库及汉江中下游水文情势，削减了洪峰流量，对中下游的防洪有利，但也给生态环境带来了一些不利影响。

14.3.1 对移民安置区环境的影响

据1990年调查，水库淹没耕地20万亩，须移民22万人。如果全部就地安置移民，将会加大库区环境压力，因此，可采取综合措施，使一部分移民外迁到新增灌区。

14.3.2 对汉江中下游航运的影响

调水130～140亿m^3（引水规模500m^3/s），河道水位将下降0.6～1.0m，对航运和沿江的引水有一定影响，须采取建设梯级枢纽加以补救。

14.3.3 对中下游水文情势的影响

调出水占丹江口坝址断面径流量的1/3，占汉江流域径流量的22%，可能会引起汉江中下游水文情势变化，须采取综合补偿措施以消除不利影响。

14.3.4 对下游河道河床冲淤的影响

调水使汉江中下游流量出现800～1000m^3/s的天数减少约20天，出现1000～3000m^3/s的天数减少约100天，对汉江下游河道冲淤和环境容量有一定影响，采取引江济汉（引水500m^3/s）措施可减免其不利影响。

14.3.5　对施工区生态环境的影响

大坝加高工程施工所产生的废污水、废气、固体废物、水土流失、施工噪声、电磁辐射等都将对施工区生态环境造成不利影响。必须采取废污水处理、生活饮用水水质保护、环境空气污染控制、噪声污染防治、固体废物安全处置、水土保持、人群健康保护、施工区珍稀动植物保护等环境保护措施，并建立健全施工区环境保护管理体系和环境保护监理制度，以便有效地监督各项施工和移民安置活动的环境保护措施与工程建设同步实施、同时投产使用、同时验收。

14.3.6　环境保护目标

做好施工期环境保护工作，减免工程施工对区域水环境的不利影响，使区域内汉江水质符合相应地表水环境质量标准。施工区附近的居住区、商业交通居民混合区、文化区、一般工业区和农村地区环境空气质量符合相应的环境空气质量标准。受施工影响的敏感区域符合相应的城市区域环境噪声标准。完善医疗卫生设施，加强施工人员的卫生防疫、检疫工作，防止各类传染病的暴发流行，保护施工人员的身体健康。

14.3.7　环境保护措施

（1）建立环境保护管理体系。参建各方建立健全环境保护管理体系，保证环境保护措施的有效实行。

（2）创设环境保护监理制度。由社会化环境保护专业单位组建施工区环境保护监理部门，根据国家环保法律法规和本工程环境影响评价报告、环境保护设计、施工合同等环境保护要求，监督施工区各项环境保护设（措）施的落实。工程建设监理单位设环境保护监理人员对施工项目环境保护设（措）施执行情况开展全方位、全过程监理。

（3）实行环境监测。工程环境保护管理与监理单位为了及时掌握施工期间的环境污染状况，并实施科学监督管理，聘请有资质的环境监测单位对施工区水质、环境空气、噪声、人群健康、生态环境等进行定期检测。

（4）落实污染防治方案。砂石料、混凝土等加工系统生产废水采用两级沉淀处理后达标排放；生活污水经有效处理后排入市政污水管网；散装水泥、粉煤灰等的运输装卸过程密闭进行；拌和楼配备除尘设备；对燃油机械设备维护保养，减少废气排放；在施工道路两侧植树，定时对路面洒水；对环境敏感点施工噪声严重污染的场地采取车间楼体封闭改造，建隔音墙等；在生活营地设置垃圾桶、池，并定期清运；定期开展消灭鼠、蚊、蝇等活动；饮食业建立“卫生许可证”、“健康证”等制度；对进场施工人员建立卫生防疫、医疗档案制度。

14.3.8 施工区环境保护监理范围及内容

（1）监理范围。施工区环境保护监理的范围主要是大坝加高施工和辅助施工等项目环境保护措施的监理和有关施工期环境保护监督管理工作。

（2）主要环境保护监理工作内容。包括施工筹建（工程招投标）、施工期、工程竣工验收三个阶段的工作。

14.4 工程施工区环境保护监理新模式及制度

14.4.1 确立环境保护监理新模式

2005年，国家环境保护总局明确提出对建设项目应实行环境保护监理。丹江口大坝加高工程建设单位（项目法人）南水北调中线水源有限责任公司为适应建设项目环境保护工作的新形势，从整体上加强对施工区的环境保护工作，进一步完善环境保护管理体制，为工程竣工环境保护专项验收奠定基础，相应地在当时施行的项目法人环境保护管理工作（不规范）的基础上，实行新型的环境保护监理模式。即在原项目法人统一的环境保护管理、工程建设监理单位对施工区环境保护设（措）施的建设和运行进行全方位和全过程监理、各承建单位对环境保护设（措）施进行分级管理、环境监测单位和设计单位参与的基础上，再引入社会化、专业化的单位长江水资源保护科学研究所对丹江口大坝加高工程施工采取更高层次的“环境保护专项监理”，以协助项目法人进行环境保护工作的全面、综合管理。丹江口大坝加高工程环境保护管理新体系、环境保护专项监理新模式参见图14－1。

应指出的是，这种环境保护监理新模式的组成特点，有别于黄河小浪底水利枢纽环境监理采用的“国际化工程建设全过程项目管理”、长江重要堤防隐蔽工程试点的“环境全面监理”、治理深圳河第三期工程采用的“工程环境监察与审核”和长江三峡第三期工程采用的“业主下属环境监（管）理”等模式。

丹江口大坝加高工程采用的“环境保护专项监理”新模式的优点是统一领导、专业分工、协同作战、行动快捷，但对总监理工程师要求很高，需要兼顾全局、统筹策划、协调各方。

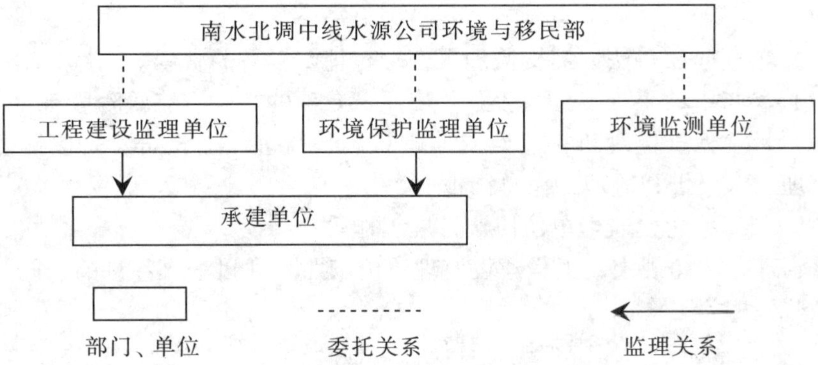

图 14－1　丹江口大坝加高工程环境保护管理及环境保护监理工作体系

14.4.2　建立环境保护监理制度

项目法人根据丹江口水利枢纽一期工程建设的经验教训和丹江口大坝加高工程环境保护专项监理新模式，制定了《南水北调中线水源工程环境保护与水土保持管理办法》，使丹江口大坝加高工程施工环境保护及其监理工作有章可循。《南水北调中线水源工程环境保护与水土保持管理办法》规定，丹江口大坝加高工程施工环境保护与水土保持工作和工程建设同步实施。并确立了丹江口大坝加高工程施工环境保护与水土保持管理体系及项目法人、环境保护监理单位、水土保持监理单位、工程建设监理单位、承包商、环境监测单位等的各自职责，工程环境保护与水土保持专项验收要求，罚则、附则等一系列规章制度。

该管理办法规定，环境保护监理单位依照合同及环境保护设计文件开展如下工作：

（1）派出环境保护监理工程师现场巡视，监督、检查施工区和生活区环境保护有关情况。

（2）协调项目法人和承包商的关系，参与处理合同中有关环境保护的违约事件。

（3）根据有关合同文本和本办法规定的环境保护工作内容和标准，审查承包商提交的环境保护计划和报告，对承包商施工过程及竣工后的环境保护相关内容进行监督与检查。

（4）对检查中发现的问题，以“环境问题通知单”的形式通过工程建设监理单位，要求承包商限期整改，并将处理结果报告项目法人。

（5）定期主持召开环境保护监理例会，定期参加工程建设监理单位组织召开的监理例会。

（6）定期向项目法人提交监理报告，整理归档有关资料。

（7）参与单项工程竣工验收及环境保护专项的初验、终验阶段有关工作。

（8）环境保护监理机构应建立监理日志、监理专题报告、阶段性进展报告、监理工作报告和监理工作总结报告。

（9）与工程建设监理单位协调开展工作等。

该管理办法还规定，工程建设监理单位依照与项目法人签订的合同开展环境保护监理相关工作：

1）在日常巡视工作中须进行环境保护检查；

2）在检查过程中发现承包商存在有关环境保护问题时，应通知承包商环境保护管理员要求限期整改，并督促落实；

3）问题较为严重或需要有关专业人员进行认定时，建设监理单位应及时通知环境保护监理单位派员到场处理；

4）在主持召开的监理例会上讨论环境保护有关内容；

5）负责督促承建单位落实解决环境保护监理单位签发的“环境问题通知单”，并将整改情况报告有关环境保护监理单位。

14.4.3 制定环境保护实施计划

长江水资源保护科学研究所丹江口大坝加高工程施工区环境保护监理部还协助设计单位编制了《丹江口大坝加高工程施工区环境保护实施计划》，其包含环境保护管理、环境保护监理、环境监测实施计划、环境保护投资计划等内容，对工程环境保护监理工作起到了技术支撑作用。

14.4.4 环境保护监理制度的实践与经验教训

（1）项目法人应在工程开工前通过招标或委托社会化、专业化环境保护监理单位进场工作，并参与工程施工招投标监理。而丹江口大坝加高工程项目法人委托环境保护监理的情况是：项目法人于2005年先委托工程建设监理单位进行包含环境保护监理内容在内的一揽子监理工作。其后需要环境保护专项监理和国家环境保护总局有关环境影响评价批文和环境保护专项验收时，才委托专业环境保护监理单位挽救环境保护监理工作严重滞后的境地。

（2）项目法人委托环境保护监理后，应及时配套实施确保环境保护监理单位进行高层次监督管理的《工程施工区环境保护管理办法》和《工程施工区环境保护实施计划》。

丹江口大坝加高工程项目法人在工程开工一年多后才在环境保护监理单位的协助下出台了《丹江口大坝加高工程施工区环境保护实施计划》，从而使工程施工区环境保护监理部监督检查承建单位落实环境保护设（措）施有章可循。

（3）2008 年“5·12”四川汶川大地震时，丹江口大坝加高工程施工区有强烈震感，环境保护监理部在《丹江口大坝加高工程施工区环境保护监理规划》、《丹江口大坝加高工程施工区环境保护监理实施细则》等的基础上，又适时制定和实施了《工程施工区突发重大事件环境保护监理应急预案》。

（4）项目法人没有与工程施工区环境保护监理部联合制定《工程施工区环境保护工作考核办法》，致使环境保护监理单位对工程建设监理、承建等单位环境保护工作的监督管理，以及考核、评比和奖惩等缺乏可操作性依据。

14.5　施工区环境保护监理的任务

近年来，我国对建设项目施工环境保护管理与环境保护验收提出了新的要求。2005 年，国家环境保护总局对建设项目明确提出实行环境监理要求。丹江口大坝加高工程建设单位要适应建设项目环境保护工作的新形势，从整体上加强对施工区的环境保护，进一步完善环境保护管理体制，为工程竣工环境保护验收奠定基础，必须在现行业主环境保护管理工作的基础上，实行新型的环境保护监理模式。根据该工程的概况及其重要性，笔者提出以下看法及建议。

14.5.1　环境保护监理的重点项目

落实《南水北调中线工程环境影响评价报告书》所提出的环境保护措施和国家环境保护总局对报告书提出的审查意见，做好以下重点工作：

（1）加强生态保护工作。主要有：①水土保持工作，防止汉江水质产生影响。②尽可能少占农田尤其是基本农田，占用基本农田要依法履行审批手续并按国家有关规定进行补偿。③加强施工期管理，减缓人为扰动破坏对工程周边生态环境的影响。④由于库区淹没范围的增加对珍稀及特有动植物的影响、工程对经济鱼类的影响以及对下游的生态环境和移民安置的环境影响等问题还需要进行深入的研究并采取有效措施。

（2）加强施工期及运营期的环境保护管理与监测工作。进一步完善环境保护计划，环境保护要求必须纳入工程招投标及工程建设监理工作中。

（3）加强移民安置的环境保护工作。将环境保护措施纳入移民安置规划与设计中，细化并落实移民安置环境保护方案。

（4）加强水环境保护措施。加强取水口水质监测，减少工程施工对下游取水口的影响。按照环境保护设计规范要求，确保生产生活废污水、固体废物处理设施的处理能力及规模，满足生产生活废污水处理的要求。

（5）细化环境噪声和扬尘的环境保护措施及施工期的运输噪声防范措施。

14.5.2 环境保护监理工作的内容

（1）综合管理。

1）环境保护文件报告的起草。协助业主制定《丹江口大坝加高工程施工区环境保护工作考核办法》；起草与环境保护工作有关的文函，编制有关报告、年度工作总结中的环境保护篇章；审查施工单位提交的环境保护管理计划、环境保护专项报告等文件。

2）环境保护监理成果资料的整编归档管理。监督施工、监测、调查等单位环境保护工作成果的归档。

（2）施工区环境保护设（措）施的审查。对工程环境影响评价、初步环境保护设计等所列环境保护设（措）施对应的施工组织设计、环境保护方案及实施计划等进行审查。监督环境保护设施运行管理单位是否按设计和合同规定维护环境保护设施正常运行。

（3）施工现场的环境保护监理。对大坝加高及辅助施工等项目的施工活动环境保护措施执行情况进行检查，包括水质保护、空气质量保护、噪声控制、固体废物处置、水土流失防治、文明施工、施工迹地恢复等方面。

（4）环境统计。包括：①污染源源强调查统计。②环境污染治理工作统计。③环境质量的数据统计。

（5）工程竣工环境保护专项验收与总结。协助业主向国家环境保护总局申请工程竣工环境保护专项验收工作，提交工程环境保护监理总结报告和工程竣工环境保护专项验收报告等。

14.5.3 严格执行环境保护“三同时”制度

项目建设应严格执行环境保护设施与主体工程同时设计、同时施工、同时投入使用的环境保护“三同时”制度。工程竣工后，建设单位按规定程序申请环境保护设施竣工验收。验收合格后，项目方能投入正式使用。

14.6 环境保护监理工作实践与效果

长江水资源保护科学研究所丹江口大坝加高工程施工区环境保护监理部自

2006年3月成立以来，严格按照《丹江口大坝加高工程施工区环境保护监理规划》和《丹江口大坝加高工程施工区环境保护监理实施细则》开展了一系列专业化、社会化环境保护监理工作，坚持以公正、独立、自主为出发点，按照“守法、诚信、公正、科学”的准则进行科学、系统和规范的环境保护监理工作，狠抓施工项目现有的环境保护设（措）施落实。每年对施工区施工现场和生活营地进行数百次环境保护巡视监理、十余次环境保护专项检查，共发出环境保护监理工作联系单数十份和环境问题整改通知单数份。定期召开环境保护监理工作例会，按时编制环境保护监理季报、年报，受到项目法人的好评。施工区、环境敏感点、办公和生活营地等的环境问题逐年减少，至今未发生一起环境污染事故，确保了本工程清洁生产、环保施工。典型事例如下：

（1）2008年5月12日，四川省汶川县发生8.0级特大地震，本工程施工区也有强烈震感，而且后续一个多月的每次余震都有波及。工程施工区环境保护监理部适时增加了对工程施工区环境保护巡视监理的密度，密切监督工程施工区各项环境保护设施的安全和防范环境污染工作，并制定了地震灾害环境保护监理工作预案，因此本工程环境保护设施未遭受破坏。

（2）每年中学生中考、高考期间，环境保护监理部针对施工区位于丹江口市区且周边均是人群集中居住区和学校、医院等环境敏感点的特征，均以环境保护监理工作联系单的形式向工程建设监理单位和承包商等发出《关于加强中高考期间环境噪声监督管理的通知》，规定：城区内所有本工程建筑施工场所从当年5月27日至6月22日期间，白天12时至14时、夜间19时至次日凌晨6时两个时段禁止一切产生噪声的施工作业。要求丹江口大坝加高工程建设监理单位和各承建单位务必加强施工区环境噪声管理，按照通知中的时限，调整好施工作业时间，合理安排施工进度，避免因施工影响工地周边居民的学习和休息。环境保护监理人员还在有关施工现场对施工单位的环境保护负责人和施工人员进行宣讲教育，并加强环境巡视监理工作。由于对施工噪声预防监理工作及时、到位，施工噪声控制效果良好，没有发生投诉事件。

（3）2008年7月，项目法人召开了“南水北调中线水源工程丹江口大坝加高工程施工区环境保护监理监测工作会”，与会代表一致认为，长江水资源保护科学研究所丹江口大坝加高工程施工区环境保护监理部为丹江口大坝加高工程建设建立健全环境保护管理体系和制度、落实环境影响评价文件和环境保护设计有关环境保护要求、实施高层次环境保护监理工作、建立环境保护工作文件档案作出了突出贡献，对监督检查承建单位落实施工环境保护设（措）施起到了重要作用，对2007年度丹江口大坝加高工程施工区环境保护工作发生重大改观发挥了关键作用。确定“南水北调中线水源工程丹江口大坝加高工程施工区环境保护监理监测工作会”实行年度例会制度。

14.7 对环境保护监理制度的建议

14.7.1 施工环境保护监理的不可替代性

水利工程施工的特点决定了环境保护监理应社会化、法制化、规范化、专业化、标准化和制度化。

14.7.2 规范环境保护监理制度

加强法制建设尽快出台《水利水电工程建设环境保护监理规范》，以便按规范严格执行环境保护监理制度。

14.7.3 施工环境保护监理实行招投标制度

强化在工程开工前实行环境保护监理招投标制度，让社会化、专业化、规范化的环境保护监理单位承包，代表建设单位进行环境保护全方位、全过程的工程项目管理。

14.8 展望

环境保护是我国的一项基本国策。国家环境保护总局提出的“加强建设项目的全过程监督管理，规范施工阶段的环境保护管理，重视‘三同时’竣工验收工作，解决以往存在的‘重审批、轻管理’问题”为其重点任务之一。

在水利水电工程施工期间，环境保护工作具有点多面广、政策性强和专业技术性强等特点，如果由建设单位自行管理或由不含环境保护专业的工程建设监理单位代管，则环境保护目标难以很好实现。只有利用社会化的环境保护监理专业机构的知识、技能和经验，加以必要的试验和测试手段，才能确保环境保护“三同时”（同时设计、同时施工、同时验收使用）制度的有效落实，减免环境污染，保护生态环境，实现工程的经济、社会和环境效益的统一。

环境保护监理是工程建设监理的重要组成部分，应贯穿于工程建设的全过程。环境保护管理机构是实施环境保护管理的组织保证。为了充分发挥工程的社会、经济、环境效益，必须加强工程施工及运行期间的环境保护管理工作。环境保护监理部分是社会化、专业化的行使环境保护监理职权的独立机构。由于与工程建设监理部门在项目建设的施工目标、要求和着重点上不尽相同，因此在现场实际工作中，经常发生观点不一致，甚至矛盾对立，由此影响了工程正常进行或造成了不应有的损失。因而，有必要设立高一级的工程技术委员会或仲裁委员会，以便直接接受各方面申诉，以取得快捷处理事故的先机，更好地发挥民主统一的公正裁定和取得正确的处理效果。

加强环境保护监理规范工作，可避免无序建设施工、环境保护设施浪费、措施重复等现象发生，既可充分发挥环境保护投资的作用，又能有效地使用环境保护经费，可有效解决施工期间造成的水土流失、物种灭绝、景观破坏等生态环境问题，也就是预防环境污染事故的发生，避免生态环境破坏的经济损失。在当前国家尚未制定建设项目环境保护监理规范期间，丹江口大坝加高工程实行环境保护监理新模式可算是过渡时期新的尝试，对监理机制的改革、管理水平的提高及积累实践经验，具有重要的历史意义。

第十五章　水利工程竣工环境保护验收调查报告的编制

15.1　工程竣工环境保护验收概况

1973 年，国务院将“三同时”（同时设计、同时施工、同时投产使用）正式批准确立为我国环境保护工作的基本管理制度，历经 30 多年，目前已形成了较完整的技术导则、评价标准和管理体系。环境影响评价工作紧密结合可持续发展战略，坚持污染防治与生态环境保护并重的方针，围绕产业结构调整和优化工业布局，贯彻清洁生产、达标排放、以新带老、区域削减等原则，对于防止低水平重复建设，有效制止生态破坏和控制新建项目污染物排放总量，发挥了不可替代的作用。目前，环境影响评价的管理法规体系，已成为具有中国特色的环境保护法律制度。

2003 年 9 月 1 日，《中华人民共和国环境影响评价法》正式实施，将环境影响评价的范围从建设项目扩大到与国民经济发展紧密相关的行业、企业的规划设计，使环境保护参与宏观综合决策又向前迈出了一大步。

建设项目从筹建到竣工运行全过程的最后阶段——试运行期的环境保护重点工作是：完成试运行前的环境保护检查和项目竣工环境保护验收。环境保护设施的建设和运行前的环境保护验收，其实是环境影响评价制度的延伸。评价文件审批、环境保护设施设计、建设和施工期环境保护监督检查、竣工环境保护验收工作则构成环境保护行政主管部门对建设项目的全过程监督管理。

建设项目竣工环境保护验收是指建设项目竣工后，环境保护行政主管部门根据环境保护法律法规的规定，依据环境保护验收监测或调查结果，并通过现场检查等手段，考核该建设项目是否达到环境保护要求的活动。其主要法律依据是《中华人民共和国环境保护法》第二十六条：“防治污染的设施必须经原审批环境影响报告书的环境保护行政主管部门验收合格后，该建设项目方可投入生产或者使用。”

建设项目竣工环境保护验收是国家或地方环境保护主管部门根据有关建设项目的环境影响报告书（表）、竣工环境保护验收调查报告（表）等文件，在经过现场逐一调查核实环境保护措施落实情况的基础上完成的。为规范环境保护验收工作，国家环境保护总局于 2001 年 12 月颁行了《建设项目竣工环境保护验收管理办法》，对环境保护验收的范围、管理权限、申报程序、时限要求、分类管理、验收文件、验收条件、公告制度和处罚办法等作出了具体规定。

15.2 竣工环境保护验收的范围和程序

（1）对于建设项目竣工环境保护验收范围，《建设项目竣工环境保护验收管理办法》定为两方面：“（一）与建设项目有关的各项环境保护设施，包括为防治污染和保护环境所建成或配套的工程、设备、装置和监测手段，各项生态保护设施；（二）环境影响报告书（表）或者环境影响登记表和有关项目设计文件规定应采取的其他各项环境保护措施。”

（2）建设项目竣工环境保护验收的基本程序：需要进行试生产（运行）的竣工建设项目首先向环境保护行政主管部门申请试生产（运行）；在试生产（运行）的3个月内，建设单位向环境保护行政主管部门提出竣工环境保护验收申请，并委托有资质的服务机构进行环境保护验收监测或验收调查，申请材料齐备、环境保护行政主管部门受理后，将在规定的期限内组成验收组或验收委员会进行现场检查和审议，提出验收意见并完成审批。

15.3 建设项目竣工环境保护验收工作现状

据2004年12月国家环境保护总局召开的“全国生态类建设项目竣工环境保护验收调查单位座谈会”统计资料，2004年国家环境保护总局环境影响评价司共受理申请进行环境保护验收的生态类建设项目119项（公路占51%、铁路占23%、水利占11%）。目前，获准可从事国家环境保护总局审批的生态类建设项目竣工环境保护验收调查工作的单位有长江水资源保护科学研究所等20家。建设项目竣工环境保护验收调查工作取得了一些成绩，但也存在一些问题。

（1）验收调查工作完成时效性差。规定工作时限是3个月，拖延误时完成，给依法行政带来了不利影响。

（2）工作作风不严谨，调查结论不够客观。个别调查单位责任心不强，对环境噪声超标严重、废污水未实现达标排放和生态恢复措施不得力等现象视而不见，影响了“三同时”制度有效性的发挥。

（3）现场调查工作不全面，调查重点不明确。有些单位缺乏整体观念，抓不住调查重点。经常忽视对工程的实际变更情况以及相应的环境影响变化的调查，对环境保护目标的调查也不够全面。

(4) 对环境影响报告书（表）及其预审意见和批复意见的落实情况调查不够或不认真；未回答或仅部分回答落实情况与实施效果；对建设单位未落实批复意见的原因未予说明或理由不清，甚至回避。

(5) 环境监测及结果分析存在问题。一些调查单位对监测点位的选择原则不清楚；一些调查单位和监测单位对监测规范了解不够，监测方法、监测点位设置和数据处理等不符合规范要求，造成监测结果代表性差。

(6) 对环境影响评价未预测到但实际发生的环境问题，应当指出其明确影响程度，提出减免措施。很多调查单位不注重分析这类环境问题。

(7) 公众意见调查针对性不强。公众意见调查表设计的提问过于笼统、原则，不能全面反映公众的意见。将群众的信访列为调查内容的，还应调查并如实反映群众信访情况和行政主管部门的处理结果。

为此，国家环保总局提出了进一步加强工作管理的措施与要求：①加强验收调查工作的时效性；②强化质量监管力度；③加快规范的编制工作；④扩大调查单位的范围，并引入竞争机制；⑤明确事故责任，加强责任追究。

15.4 水利工程竣工环境保护验收调查表的编制

改革开放以来，全国各行各业蓬勃发展，造成建设项目竣工环境保护验收任务十分繁重。突出表现为，迫切需要相应法律法规的补充修订及执法人员队伍的扩充提高。

当前，在《建设项目竣工环境保护验收管理办法》相关配套的调查报告（表）内容与格式尚未统一作出规定的情况下，笔者在实践中，经过多次深入调查、收集第一手资料、取证核实、补充陈述及修改工作，最终设计完成“竣工环境保护验收调查表”，并通过了国家环境保护总局的验收审批。见附录1。

随着上述各项堤防工程及“竣工环境保护验收调查表”编写陆续完成，并分别报审，在通过有关技术审查后、通过环境保护主管部门对工程竣工环境保护验收审批前，还要按《建设项目竣工环境保护验收管理办法》规定，向社会公告“工程竣工环境保护验收公示材料”（包括项目基本情况、环境保护执行情况、验收调查结果等），以征求意见，接受公众监督（参见图15-1）。

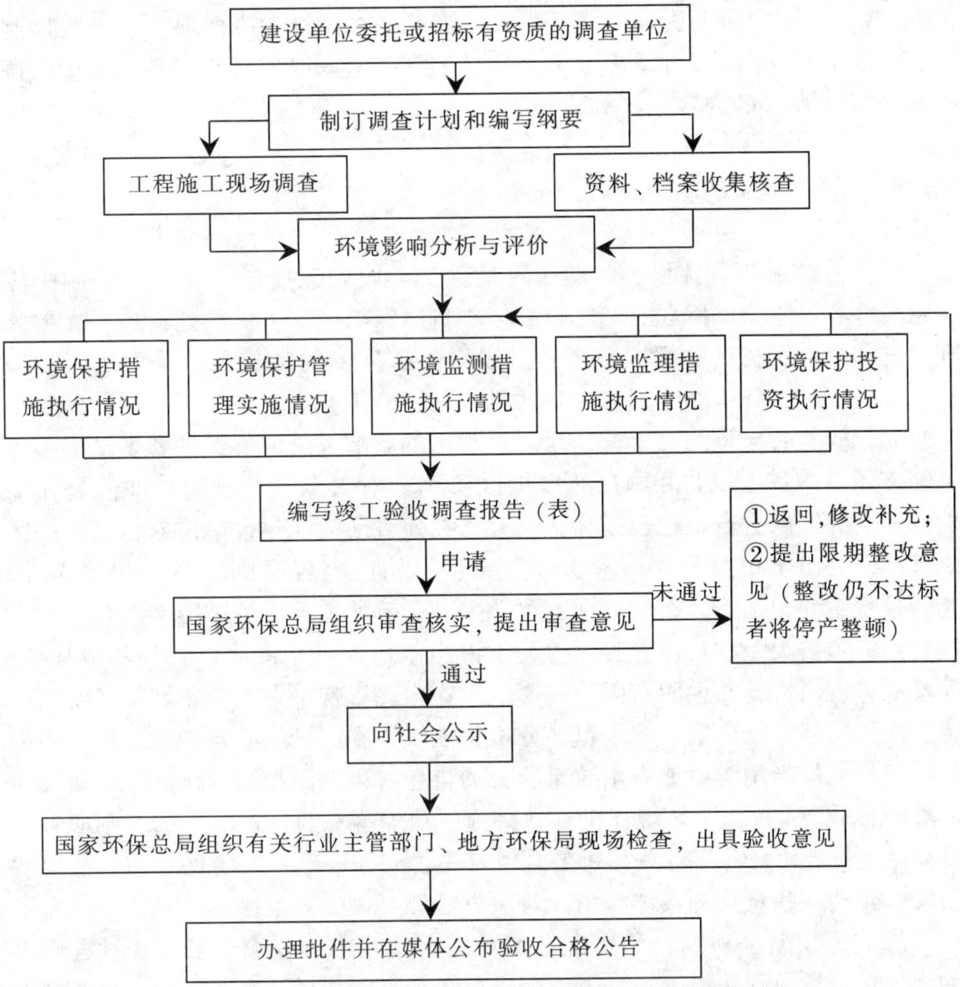

图 15－1　建设项目竣工环境保护验收运作程序

15.5　拟订水利工程建设项目竣工环境保护验收调查报告书（表）技术规范的建议

水利和公路、铁路、油田等都属于生态型建设项目。水利水电工程所包含的项目很多，如河道整治，堤防、港口、闸坝、水电站建设，引水灌溉及跨流域调水等，自成体系。这类工程中的闸坝与水电站建设、跨流域调水、大规模灌溉等对生态环境常产生特别巨大而复杂的制约性的影响，因此也是验收调查的重点对象。在如此众多的水利工程项目中，要拟订一个通用的调查报告

（表）模式，难免顾此失彼，轻重失衡。因此，在拟订时应把握重点，因地制宜，对症下药，因事定取，有的放矢。水利工程建设项目竣工环境保护验收调查报告书（表）的内容纲要见附录2。

15.6 思考与探索

（1）在水利工程建设项目竣工环境保护验收调查报告书（表）编制中应注意一些容易忽略的问题，诸如：①与“自然保护区”有关的建设项目，要体现出有关自然保护区的情况和工程建设对生态环境的影响及应采取的保护措施。如果工程在环境影响报告书正式批复前已开工建设，在竣工前保护区已正式建立，验收时应该明确工程建设对保护区的影响及采取的保护和恢复措施效果。按照《中华人民共和国自然保护区条例》有关条款的规定，即使是在保护区的实验区内进行工程也是违法的。若在建设活动前建设单位向自然保护区主管部门提出申请并得到了有关主管部门认可，报告中则应附上相关文件。②涉及野生动、植物时，应当调查可能受到影响的种类。植被影响调查应说明影响到的植被类型和具体物种。③关于占用土地，对非耕地要明确其中林地、灌草地等占用情况并说明有无具体影响。在生态影响中取、弃土场除了给出位置、面积，还须给出取、弃土量，分析其恢复、利用措施的合理性。对耕地的占用面积，应当用对耕地占用数量较大的自然村耕地面积减少比例来分析其对环境的影响。④提出了环境保护补救措施，缺少落实的投资估算的，则应补上以满足达标要求。⑤应着重分析公众意见是否成为该工程环境保护验收的制约因素，包括这些意见的具体缘由、解决方法和具体的对策措施。

（2）库坝型水利枢纽和水电工程对生态环境影响巨大、复杂。过去有多种洄游性鱼类遭到隔绝。报告书中要进行鱼类资源现场调查，制定全面有效的鱼类保护措施。竣工调查应对坝上下游的鱼类资源进行现场调查，以评估工程的环境影响，提出措施。在生态环境保护方面，寻找替代措施和异地补偿是可行的办法。

（3）水电工程调峰运行带来的下游水情频繁的涨落变化及其影响，以及清水下泄对下游河床、滩岸的冲刷作用，在该工程环境影响评价和竣工环境保护验收调查中应予以重视。

15.7 展望

环境——影响人类社会生存和发展的各种天然的和经改造的自然因素总

体，也就是中国古代哲学家倡导的“天人合一”、“身土不二”，天、地、人无所不包的统一体。在以人为本的观点上，环境是人类赖以生存的根本条件。《中华人民共和国环境保护法》、《中华人民共和国环境影响评价法》等的立法目的是为了保护环境，涉及环境保护的建设项目十分广泛，几乎包罗了轻、重工业的各种行业。在这些行业的建设项目中，有生态环境影响型的，也有环境污染型的，五花八门，影响到大气、大地、江海、地下水、动植物、声环境以及人居安全等。因此，在工程竣工环境保护验收调查报告书（表）的编制内容上既有其一般的共性，又有其特殊的异性，上述“水利工程建设项目竣工环境保护验收调查报告书（表）”技术规范编制纲要可供研究参考。

环境保护验收的现场调查必须准确反映建设单位在施工期和运营期为减缓或避免工程对环境的影响所采取的环境保护措施，客观分析建设项目对环境产生的实际影响。现场调查是关键，重在调查，然后进行归纳分析。

就建设项目环境保护的整体观念而言，环境影响评价是一个不断评价、不断决策的过程。因为生态环境影响具有全过程特点，所以需要树立全过程评价与管理的理念以应对建设项目的生态环境影响。建立“水利工程建设项目竣工环境保护验收调查报告书（表）”制度是环境影响评价制度的发展延伸，是环境保护规范生产（运行）的起始而非终了，是对生态环境全程监督管理的重要一环，应认真研究，严肃对待，严格执行。

附录1：竣工环境保护验收调查表主要内容

（一）甲、乙合同单位及其法人代表，环境影响评价证书，乙方项目负责人、技术负责人、调查评估人员情况表（包括姓名、从事专业、职称、上岗证书号、职责、单位）。

（二）乙方分级负责人，包括核准、核定、审查、校核、编写、参加人员等。

（三）建设项目基本情况简明表，主要内容有：项目名称、建设性质、行业类别、建设地点、建设时间、初步设计审批部门及审批文号、环境影响评价报告书（表）审批部门及审批文号、概算总投资、实际总投资、环境保护概算投资、环境保护实际投资、建设单位、设计单位、监理单位、环境影响评价单位、环境保护措施执行单位、环境监测单位、环境保护验收调查表编制单位、项目分项工程。

（四）编制说明，主要内容为法律依据、主管部门各级审批文件、委托单位及调查报告（表）所含项目内容等。

（五）目录，包括：

（1）综述；

（2）工程概况；

（3）环境保护措施执行情况；

（4）环境保护管理措施执行情况；

（5）环境监测措施及执行情况；

（6）环境监理措施执行情况；

（7）工程建成后环境状况；

（8）环境保护投资执行情况；

（9）公众参与意见；

（10）调查结论与建议。

（六）附表。

（七）附图。

（八）附件。包括委托工作合同书，竣工环境保护验收调查报告（表）的技术审查意见，环境影响报告书（表）审查意见的批复，关于验收工作中有关问题的意见，监、检测资料等。

附录2：水利工程建设项目竣工环境保护验收调查报告书（表）内容纲要

（一）建设项目环境影响评价资格证书（原件复印，亮出资质凭证，《建设项目竣工环境保护验收管理办法》第十三条编制资质证明）。

（二）编制说明。

（三）建设单位及环境保护行政主管部门情况简介。详见附录1之（一）及（二）。

（四）建设项目基本情况简明表。详见附录1之（三）。

（五）目录（附主要内容）：

1　综述

1.1　项目来由

1.2　编制依据

1.3　调查目的

1.4　调查原则与方法

1.5　调查范围

1.6　调查环境要素内容

1.7　调查工作执行标准（尽可能以表格方式表达，以下同）

1.8　调查工作程序（参见图15－1）

2　工程概况

2.1　工程立项、设计与审批

2.2　设计修改

2.3　工程位置

2.4　工程组成与规模

2.5　工程布置与工程量

2.6　工程占地

2.7　工程淹没与移民安置

2.8　主要施工方法

2.9　施工进度

2.10　工程运行情况

2.11　工程投资

3　环境概况

3.1　自然环境简况（地形、地质、地震、水系、水文、水质、气候、气象、泥沙、土壤、植被、地下水、水土流失、自然灾害、自然保护区等）

3.2　社会环境简况（人口、交通、工农业、矿产资源、景观文物等）

3.3　环境重点保护和敏感目标

4　环境影响评价回顾

4.1　环境影响评价主要结论及建议（包括工程设计修改后）

4.2　环境影响评价批复意见

5　环境保护措施落实情况调查（参见表1）

表1　工程施工环境保护措施落实情况调查

工期	调查项目	环境影响报告书（表）提出的环保措施	初步设计提出的环保措施	施工落实情况	措施执行效果
施工期					
运行期					

5.1　水土流失

5.2　水生动物

5.3　人群健康

5.4　水环境（废污水排放）

5.5　环境噪声（施工噪声防治）

5.6　空气质量（废气、粉尘）

5.7　库底清理

5.8　文物古迹

5.9　环境保护管理

5.10　环境监测

5.11　小结

6　生态环境影响调查分析

6.1　施工现场环境影响调查分析（建设用地、取弃土场、道路、住房、废污水排放、绿化）

6.2　征地拆迁影响调查分析（含土地资源的使用及恢复）

6.3　上下游及周边地区环境影响调查分析（含防治措施，以下同）

6.4　水土流失影响调查分析

6.5　水生动物影响调查分析

6.6　水环境影响调查分析（对水文、泥沙、水质等的影响）

6.7　大气环境影响调查分析

6.8　环境噪声影响调查分析（敏感点影响范围、消声监测及措施）

6.9　固体废物环境影响调查分析

6.10　闸坝蓄水拦沙调节运用的影响调查分析

6.11　意外情况发生的环境影响调查分析

6.12　小结

7　社会环境影响调查分析

7.1　居民生活环境影响调查分析（饮用水、污水排放、垃圾粪便处理、健康保护）

7.2　移民拆迁环境影响调查分析（内容同7.1）

7.3　文物古迹影响调查分析

7.4　对社会经济的影响调查分析

7.5　其他

8　环境风险事故防范及应变措施调查分析

8.1　风险事故类型

8.2　风险事故应变措施预案
8.3　存在问题及补救措施
9　环境保护管理计划落实情况
9.1　机构设置情况
9.2　施工期环境保护管理执行情况及效果
9.3　运行期环境保护管理执行情况及效果
9.4　存在问题及建议
10　环境监测计划执行情况
10.1　环境监测计划
10.2　执行情况及效果
10.3　小结
11　环境监理实行情况
11.1　机构设置情况
11.2　实施情况及效果
11.3　小结
12　环境保护投资执行情况
12.1　环境保护投资组成
12.2　执行情况及效果
12.3　投资分析
13　公众参与意见调查
13.1　调查目的
13.2　调查方法（问卷选择、座谈会、投诉信访等）
13.3　调查内容及对象
13.4　调查结果统计分析（参见表2）

表2　公众意见调查统计

调查内容	公众意见	人数（人）	所占比例（%）
（1）	认可		
	否定		
	不置可否		
	新建议		
（2）			

13.5　解决方法与措施
13.6　小结和建议
14　调查结论与建议
14.1　施工区调查结论
14.2　移民安置区调查结论
14.3　运行期环境保护设施运用
14.4　工程环境保护投资落实情况
14.5　小结与建议
15　附表（建设项目竣工环境保护“三同时”验收登记表等）
16　附图
17　附件［详见附录1之（五）］

第四编　水污染防治对策

第十六章　长江流域城市水环境概况与保护对策

16.1　城市水环境问题

长江流域工农业生产发达，人口众多，每年排入流域内江河湖库的污水量已高达234亿t，再加上水土流失和农药、化肥以及船舶流动污染源等，长江水系水环境已受到严重污染。由于受水流条件的影响，在长江干流城市江段岸边水域存在着明显的污染带，形成了长江水污染的又一大特征。目前，长江流域内的中小支流、湖泊、城市内河、内湖以及若干城镇供水水源地已遭到不同程度的污染，特别是太湖、巢湖和滇池，自“九五”计划开始就一直被国家列为水污染治理的重点水域。由于水污染不断加重，水域功能下降。在枯水期，水的质与量直接影响到城镇供水安全和居民的身体健康。

16.1.1　水环境状况

16.1.1.1　长江流域

据长江流域水环境监测中心编制的《长江流域地表水资源状况年度报告》（1991年）对长江干流和25条支流（螳螂川、赤水河、岷江、沱江、府河、内江、嘉陵江、渠江、涪江、乌江、清江、汉江、湘江、资水、沅水、澧水、赣江、信江、乐安河、昌江、青弋江、水阳江、裕溪河、姑溪河、南淝河）、鄱阳湖和洞庭湖两个出口以及巢湖闸等共89个代表河段，122个监测断面，总河长12504km。全年水质评价结果表明，全流域Ⅱ类水河长5804km，占评价河长比例的46.4%；Ⅲ类水河长4584km，占评价河长的36.7%；Ⅳ、Ⅴ类与劣于Ⅴ类污染河长共2116km，占评价河长的16.9%。全流域污染河长枯水期占评价河长的19.5%，丰水期占11.5%，枯水期水质劣于丰水期。主要污染物为氨氮、高锰酸盐、生化需氧、总汞、挥发酚等。

1999年，长江流域水环境监测中心对长江干流自青海直门达至河口上海

27个城市江段，共6136km河长又进行了评价，结果表明：全年Ⅱ、Ⅲ类水河长分别为3459km和1889km，占总评价河长的56.4%和30.8%，超标河长788km，占12.8%。长江上游攀枝花江段总汞超标达Ⅳ类水标准，河口上海江段因氯化物超标为超Ⅴ类水。本年度丰水期水质稍优于枯水期，长江干流三峡工程施工区上、下游水质无明显变化；因受岸边污染带的影响，部分城市供水水源地受到一定程度的污染与威胁。与1998年相比，枯、丰水期超标江段比例均略有上升，特别是枯水期，长江口海水倒灌，氯化物含量增高，水质恶化。在长江25条支流和3个湖泊出口共约6368km评价河长中，Ⅱ、Ⅲ类水河长分别为2345km和2695km，分别占评价河长的36.8%和42.3%；Ⅳ、Ⅴ类水污染河长1328km，占支流评价河长的20.9%。支流水系水质丰水期优于枯水期。在参与评价的支流水系中，水质较好的是：上游及中游的支流赤水河、清江，嘉陵江水系的渠江、涪江，下游的支流水阳江、姑溪河、裕溪河及鄱阳湖水系的信江、昌江、乐安河等，全年无超标项目出现。水质变差较显著的是：岷江与沱江水系的岷江、内江，洞庭湖水系的湘江，下游支流的青弋江等。多年水质恶劣，至今污染未得到有效控制的是：岷江与沱江水系的沱江和府河，上游滇池的螳螂川，下游的南淝河等。鄱阳湖水质尚可，大部分测点为Ⅱ、Ⅲ类水，赣江南支口枯水期溶解氧、挥发酚超标为Ⅳ类水，水质较1998年无明显差异。巢湖西半湖四个监测断面均为Ⅴ类水，主要超标项目是氨氮、生化需氧量、高锰酸盐指数等；东半湖为Ⅲ类水，整个湖共富营养化程度仍很严重，西半湖区污染程度比东半湖区大。整个湖区与1998年同期相比，污染程度稍有好转。滇池污染与富营养化状况仍很严重，特别是滇池入口浮桥水域水质达超Ⅴ类，主要超标项目是pH值、高锰酸盐指数、生化需氧量等。与1998年相比，污染状况无明显变化。

根据《2000年长江片水资源公报》，2000年长江流域全年期总评价河长30312km，其中Ⅰ类水河长1705km，占5.6%；Ⅱ类水河长9944km，占32%；Ⅲ类水河长10792km，占35.6%；Ⅳ类水河长5037km，占16.6%；Ⅴ类水河长1321km，占4.4%；劣于Ⅴ类水河长1513km，占5.0%；劣于Ⅲ类水河长占总评价河长的26.0%。在长江干流自青海直门达到河口27个城市江段，共5285.0km河长进行水质评价中，全年综合评价Ⅱ类和优于Ⅱ类水的河长为2399.0km，占总评价河长的45.4%，Ⅲ类水的河长为1541.0km，占29.2%，Ⅳ类水河长1345.0km，占25.4%。在对长江支流25027.3km评价河长中，Ⅰ、Ⅱ、Ⅲ类水河长分别为1205.0km、8045.3km和9250.0km，分别占评价河长的4.8%、32.1%和36.9%；Ⅳ～劣于Ⅴ类水河长6526.0km，占支流评价河长的26.1%。

再根据《2007年长江流域及西南诸河水资源公报》可知，2007年长江流域全年期总评价河长39553.7km，其中Ⅰ、Ⅱ类水的河长为15552.5km，占39.4%；Ⅲ类水河长10815.4km，占27.3%；Ⅳ类水河长4993.3km，占12.6%；Ⅴ类水河长2342.3km，占5.9%；劣于Ⅴ类水河长5850.2km，占14.8%；劣于Ⅲ类水河长占总评价河长的33.3%。主要超标项目为：氨氮、总磷、五日生化需氧量、高锰酸盐指数、化学需氧量和粪大肠菌群等。其中长江干流评价河长6119.5km，Ⅱ、Ⅲ类水河长4493.6km，占干流评价河长的73.4%；劣于Ⅲ类水河长为1625.8km，占干流评价河长的26.6%。主要超标项目为：粪大肠菌群和镉。在评价的长江流域淀山湖、太湖、西湖、巢湖、甘棠湖、鄱阳湖、邛海、滇池、泸沽湖、程海等10个大、中型湖泊中，泸沽湖全年为Ⅰ类水，营养化状况为贫营养；邛海全年符合或优于Ⅲ类水标准，营养化状况为中营养；鄱阳湖80%以上的水域全年为Ⅳ类水，营养化状况为中营养；淀山湖、太湖、西湖、巢湖、甘棠湖、滇池、程海等7个湖泊全年以Ⅴ～劣于Ⅴ类水为主，大多呈中度富营养化状况。国家重点治理的湖泊中，滇池为Ⅴ～劣于Ⅴ类水，处于中度富营养状态。巢湖东半湖水质为Ⅳ～Ⅴ类水，西半湖水质为劣于Ⅴ类水；东半湖处于中营养状态，西半湖处于中度富营养状态。太湖若总氮、总磷均参与评价，则全年期7.4%的水域为Ⅳ类水，11.5%的水域为Ⅴ类水，81.1%的水域为劣于Ⅴ类水，处于中度富营养状态。在不考虑总氮因子评价的长江流域38座水库中，乌江水系的红枫湖水库和乌江渡水库年度水质为Ⅴ类水，嘉陵江水系的升钟水库、乌江水系的百花湖水库和太湖水系的青山水库水质均为Ⅳ类水，超标项目均为总磷。其他33座水库水质均符合或优于Ⅲ类水标准。从营养化状况看，长江流域有32座水库处于中营养状态，占评价水库的84.2%；升钟水库、乌江渡水库、横山水库和青山水库处于轻度富营养状态，占评价水库的10.5%；红枫湖水库和百花湖水库处于中度富营养状态，占评价水库的5.3%。三峡水库总体水质良好，全年期水质符合或优于Ⅲ类水标准（粪大肠菌群不参加评价），但局部支流和库湾有水华；丹江口水库全年期水质符合或优于Ⅱ类水标准（总氮不参加评价）。

2007年监测评价省界断面64个。37个省界断面水质为Ⅰ～Ⅲ类，13个省界断面水质为Ⅳ类，5个省界断面水质为Ⅴ类，9个省界断面水质为劣Ⅴ类。超标断面数占评价总断面数的42.2%。主要超标项目为：总磷、高锰酸盐指数、氨氮、总氮和粪大肠菌群等。水质劣于Ⅴ类的河段为：云南与四川交界——宁蒗河包都镇段，贵州与湖南交界——清水江翁洞段，湖北与湖南交界——黄盖湖农场与藕池河藕池口段，河南与湖北交界——白河新甸铺与黄渠河黄渠河镇段，安徽与江苏交界——滁河104国道与清流河来安段，江苏与上海交界——长江干流启东港段。

2007年评价水功能区200个，其中达标的水功能区134个，占水功能区评价总数的67.0%。水功能区中有保护区25个，达标率为64.0%；保留区28个，达标率为78.6%；缓冲区19个，达标率为73.7%；饮用水源区86个，达标率为67.4%；工业用水区17个，达标率为58.8%；农业用水区3个，渔业用水区3个，各有1个区达标；景观娱乐用水区10个，达标率为40.0%；过渡区9个，达标率为88.9%。水功能区评价河长8033.4km，达标河长5766.3km，占评价河长的71.8%；湖（库）评价面积为3560.2km^2，达标面积为1116.0km^2，占评价面积的31.3%。未达标的水功能区的主要超标项目为：氨氮、高锰酸盐指数、五日生化需氧量、溶解氧和石油类。

2007年共评价水源地227个，水质合格率达到80%以上的水源地有165个，占评价水源的72.7%。主要超标项目为：铁、总磷、锰、氨氮和粪大肠菌群。

16.1.1.2 长江流域各省市排污状况

长江流域涉及19个省（自治区、直辖市），根据长江流域水资源保护局1991年对流域内680余个县及县以上有污染的工业企业污水和污染排放量统计（不包括事业单位），全流域废污水排放量为142.38亿t，占全国废污水排放总量的42.35%；其中工业废水排放量为106.54亿t，占全国工业废水排放总量的45.17%，占流域工业废水排放总量的75%；生活污水排放量为35.84亿t，占全国生活污水排放总量的35.72%。流域内湖北、江苏、四川、湖南、上海、江西6个省（直辖市）的废污水排放量达120.53亿t，占流域废污水排放量的84.6%，是流域污染的主要产生地。流域各省市工业废水处理率为36.0%～74.0%，青海最低，为36.0%。工业废水中达标排放率为33.6%～65.7%，平均达标率为50.8%，与全国平均达标率50.1%相近。其中上海最高，为65.7%，云南最低，为33.6%。从总体上看，各省市工业废水处理率普遍大于达标率，说明处理率只是处理设备能力的统计数，实际正常处理的污水只是其中的一部分；另一个原因是污染物去除率低，部分经过处理的污水仍达不到排放标准。上述工业废水量中尚未包括工矿企业的间接冷却水，特别是电厂冷却水，这部分水量很大，所含污染物不多，但热度很高，造成水体热污染，对水生生物会有一定影响。流域各省市随着废污水外排的污染物质量为：悬浮物303.25万t，化学需氧量242.06万t，石油类2.59万t，挥发酚2858.5t，氰化物1899.1t，硫化物21.8t，汞5.0t，镉54.1t，六价铬246.9t，铅401.8t，砷535.5t。各类污染物占全国污染物排放量的比例在25%～47%之间。

根据《2000 年长江片水资源公报》，2000 年长江片废污水排放量为 239.5 亿 t（不包含火电厂直流式冷却水和矿坑排水），其中工业废水为 161.6 亿 t，占 67%；生活污水 77.9 亿 t，占 33%。废污水排放量绝大部分在长江流域，为 233.9 亿 t，占长江片的 97.7%，排污量前 5 位的是湖北、江苏、江西、四川、上海等省（直辖市）。

再根据《2007 年长江流域及西南诸河水资源公报》可知，2007 年长江流域废污水排放量为 320.5 亿 t（不包含火电厂直流式冷却水和矿坑排水），其中工业废水为 216.4 亿 t，占 67.5%；生活污水为 104.1 亿 t（含第三产业和建筑业），占 32.5%。根据各水资源分区废污水排放量统计，排污主要集中在太湖水系、洞庭湖水系、湖口以下长江干流、宜昌至湖口段、鄱阳湖水系、汉江和岷沱江水系，占长江流域废污水排放量的 81.0%。

16.1.1.3　长江干流各城市排污状况

长江干流沿岸工农业发达，大中型工矿企业和城镇较多，近年来，中小城镇经济发展迅速，城市规模不断扩大，对长江的污染亦日益加重。攀枝花以下长江干流全长 3600km，沿岸主要城市从上而下有攀枝花、宜宾、泸州、重庆、涪陵、万州、宜昌、沙市、岳阳、武汉、鄂州、黄石、九江、安庆、铜陵、芜湖、马鞍山、南京、镇江、南通、上海等 21 个城市，也是目前长江干流点源污染的主要来源江段。

据 1991 年统计，干流沿岸 21 个城市有工矿企业 5 万余个，城市人口 6541 万人，其中市区人口 2338 万人。工农业总产值 4396 亿元，其中工业产值 3992 亿元，占 91%。该年通过 394 个入江排污口向长江干流直接排放废污水总量 63.22 亿 t（不含电厂冷却水量）。其中工业废水排放量为 45.98 亿 t，占长江干流废污水排放总量的 73%；生活污水排放量为 17.24 亿 t，占长江干流废污水排放总量的 27%。与 1982 年相比较，净增废污水 11.0 亿 t，年均增长率 2.1%，其中工业废水增加 5.3 亿 t，年均增长率 1.36%，生活污水增加 5.1 亿 t，年均增长率 4.37%。从统计结果分析，沿岸城市的生活污水的年增长率大于工业废水的增长率，这与城市人口增长（城市流动人口剧增）和人均用水量提高有关。

在长江沿江 21 个城市废污水排放总量中，上海 19.58 亿 t，占 31.0%；武汉 11.47 亿 t，占 18.1%；南京 10.07 亿 t，占 15.8%；重庆 5.6 亿 t，占 8.8%。以上四个特大城市排放的废污水量占长江干流城市总废污水排放总量的 73.7%。

长江沿江 21 个城市由于经济实力和技术水平的差异，工业废水的处理率和达标率相差较大，平均处理率为 48.3%，达标率为 56.9%，处理污水水平低于全流域和全国的平均水平。长江干流21个城市万元工业产值平均废水排放量271t，高于长江流域和全国的平均排放量。

从近期统计上看，长江干流21个城市的废污水处理率和达标率都有所提高，万元工业产值废水量也有所下降，但仍低于长江流域和全国平均水平。

据统计，长江干流沿江21个城市1991年排放污染物质量为：悬浮物183.43万t，化学需氧量96.39万t，生化需氧量16.82万t，氨氮1.89t，石油类1.54万t，挥发酚1300t，氰化物320t，硫化物3556t，汞、镉、六价铬、铜、铅、锌、砷等重金属共2642t。与1982年相比较，化学需氧量、砷、铜、铅、石油类等的排放量有较大增长。

16.1.1.4　长江干流近岸水域水质状况

当前，长江干流沿江城市的污水排放都以岸边排放为主。在城市江段，各类排污口分布密集，污染影响相互叠加，而岸边水域相对水深小、流速低、水体稀释扩散能力有限，该水域几乎是全部入江污水的接纳处，常超过环境允许容量，造成岸边污染带，这是近岸水域污染的重要特征，是点源在载体水流紊动、扩散作用下，达到断面均匀混合前的过渡阶段，它与河床形态、流速、污染物种类和浓度等有关。长江近岸水域污染，严重影响了沿岸的用水要求。

据有关部门调查，长江沿江21个城市江段近岸水域水质浓度普遍高于中泓和同期常规监测断面值，最多高数十倍。近岸水质变化幅度大，峰值高。如高锰酸盐指数、生化需氧量的平均值等，近岸比断面高1.0～4.0倍，石油类高8倍，氰化物高1.0倍，挥发酚高7.5倍，大肠菌群高两个数量级；近岸水域各类污染物检出率同样普遍高于断面检出率数倍。

因此，长江总体水质虽然仍保持良好状态，但近岸水域已普遍受到明显污染，水质污染还呈发展趋势。

在调查的21个长江沿江城市江段中，江段总长922km，调查河长657km，参与评价河长797.2km。平水期污染带总长458.2km，占评价河长的57.5%，其中南京、武汉、上海、岳阳、重庆、镇江6个城市的污染带占总长的72%；枯水期污染带总长503.1km，占评价河长的63.1%，其中以上6个城市的污染带占总长的70%。若以两个水期（丰水期和枯水期）中污染带较长者来统计，则长江干流污染带总长达560多km。

污染带宽度由于各江段河道和水文条件差异，变化很大。上游江段河床坡度大，水流湍急，污染带宽度较窄，一般为20～30m；中游江段如武汉，一般宽度为50～100m；下游安徽省内几个江段一般宽度超过100m，南京、上海江段受潮汐影响，污染带较宽，一般在100～1700m之间。另外，同一江段不同水期污染带宽度变化亦较大。

上述岸边污染带长度是在石油类和总大肠菌群不参与评价的情况下的统计值，如参与评价，其污染带长度还将大幅度增长。

16.1.1.5　长江流域水质变化趋势

对长江流域近30年的水质资料进行趋势分析，长江流域各水系中，金沙江及上游支流水质恶化不明显，而一些人口稠密、工农业生产发达的地区，如洞庭湖、下游支流、岷沱江、嘉陵江等水体质量呈明显恶化趋势。而长江干流水质污染则呈发展趋势。

16.1.2　长江流域水污染的特点

16.1.2.1　干流存在岸边污染带

长江流域水量丰富，干流稀释容量巨大。长江干流及较大支流总体水质尚好，水质总体特征为支流劣于干流，下游劣于上游，岸边劣于中泓，城市江段劣于非城市江段。如前文所述，干流近岸水域存在明显岸边污染带。

16.1.2.2　长江流域存在一些重污染区域

四川省的沱江，云南省的滇池，湖北省的巡司河、府河、东湖，江苏省的秦淮河，上海市的苏州河、黄浦江，安徽省的巢湖，江南大运河及一些二级支流如汉江襄樊的小清河，宜城的蛮河，荆门的竹皮河等已受严重污染。

长江流域存在的重污染区域加起来比淮河流域还要多。整个长江流域不仅存在着像“三湖”（太湖、巢湖、滇池）那样亟待治理的重污染区域，更大量存在着需要加以保护的未受污染和受污染较轻的区域。

16.1.2.3　长江流域污染集中区同时也是用水集中区

长江干流近岸水域是沿江城镇的主要水源地。一些城市内河、内湖也是各地的水源地，如滇池是西南重镇昆明的主要水源地，巢湖是周边地区的水源地，黄浦江是上海的主要水源地，沱江也是沿江城镇的水源地。由于这些水域已受污染，难以承担饮用水源功能，因此对各地人民生产、生活造成巨大影响，制约了当地经济的发展。一些本来水源丰富的地区已被质量性缺水所困扰，不得不舍近求远，寻找第二水源地，更有许多城市不得不采用地下水，造成地面沉降问题。长江流域未受污染的区域，要么人迹罕至，要么开发利用困难，若从水质较好的长江江心取水，则比从岸边取水经济上的花费要大得多。

16.1.2.4　污染有向城市下游转移的趋势

由于缺乏上下游之间的监督机制，各沿江城市为缓解自身的压力，一般将污染重的企业安排在江段下游，从而对下游城市形成威胁。如武汉、南京等城市都存在这样的问题，其下游城市鄂州、镇江都深受其害。

上海地处长江及黄浦江下游，自己深受上游排污之苦，对以长江为水源地进行论证时，最担心的也是来自上游的污染，因而在决策时慎之又慎。同时，为了本市的利益，竟投巨资兴建合流排污工程，通过截污管道，每日将数百万吨的污水排入长江上海江段下游，在长江中形成了数千米长的污染带，并对长江河口这一敏感地区构成了很大威胁。近20年来，长江口水体氮、磷含量已增加了3～5倍，使得长江口及邻近海域营养盐结构发生改变，河口和近岸生态系统原有的生物种群结构发生变化。因此，赤潮发生频繁，生态系统衰退，生物多样性减少，生物资源再生产和食物安全受到严重影响。长期营养盐氮、磷、硅比值失衡导致了甲藻类生物在浮游植物群落中所占比例大增，而硅藻比例下降。甲藻类赤潮频繁发生是长江河口生态系统发生恶化的强烈信号。从2002年开始，每年的5月份，舟山群岛海域都会发生大面积赤潮。国家海洋环境监测网近年来对长江口近海海域的监测数据表明，近海海域普遍遭到污染，水质污染的主要影响因子是无机氮和活性磷酸盐，而上述两种污染物质（营养盐）同时也是赤潮发生的重要支持条件。

有的城市虽不沿长江，但也不惜巨资，通过长距离铺设管道，将本市的废污水排入长江。这些城市都把长江当成了废水池。

16.1.3 水污染造成的危害

水体受污染，造成水质下降，甚至发生污染事故，给经济发展和人体健康带来的危害已日益明显，污染严重的江段和地区造成的损失已相当惊人，有些已无法用经济指标来衡量了。

1999年2月，湖南澧水下游津市窑坡渡至西洞庭湖湖口的河面，漂浮着大量白色泡沫，宽度20～50m不等，河水呈酱黑色，并带有臭味，直泄入湖。期间，津市窑坡渡下20余km，安乡县虎渡河至六角屋下游20km，及六角屋下游30km至西洞庭湖湖口的污染程度随沿程加深。造成澧水下游水质受到严重污染的是沿河造纸废液排污所致。澧水已多次发生这类水污染，对西洞庭湖的生态环境造成了严重破坏。

1999年3月中旬，位于湘江衡阳段的湖南衡阳市城北、演武坪两个自来水厂发生取水水源地污染事件，城北、演武坪水厂取水口水质多项指标严重超标，主要为有机污染，其中高锰酸盐指数高达28.02mg/L和18.09mg/L，分别超过《中华人民共和国地面水环境质量标准》（GB3838－88）Ⅲ类标准3.7倍和2.0倍，水厂水质受到污染，直接影响城北区近20万居民供水，并引起部分市民的恐慌，群众反映强烈。

水污染威胁着人民健康，多种病原菌、病毒和寄生虫都是以水为媒介传播的。生活污水和不少医疗污水不经妥善处理就排放，导致水中病原微生物的繁殖和传播，使一些已经得到控制的传染病又有抬头趋势；上海、重庆、武汉是恶性肿瘤发病率较高的城市，这与环境污染状况是相当一致的；消化系统传染病，如肝炎、痢疾等与饮用水更有直接关系，并常造成出现流行。

水污染威胁饮用水源水质，由于城市江段存在岸边污染带，目前要找一个符合饮用水卫生标准的水源日益困难。水质净化处理工艺越来越复杂，成本倍增，出厂水质还时有超标。如镇江内江水厂水源，年均 CODMn 9.7mg/L，氨氮 3.6mg/L，挥发酚 0.005mg/L，属严重污染。南京上元门、城南和北河口 3 个主要水源，水质污染物均有不同程度超标现象。上海、重庆水厂的有机物、酚污染严重，加氯消毒产生令人厌恶的氯酚臭味。水污染甚至引发水厂被迫停产事故。企业自备水厂供水量很大，部分亦用于生活饮用，一般净化消毒设备不完善，供水质量更得不到保证。

仅以武汉市沌口自来水厂为例，沌口水厂担负着向武汉经济技术开发区供水的任务，开发区内有神龙汽车工业公司富康汽车总装厂等一大批中外合资企业，居住人口数十万。沌口水厂在选址时很难避开武汉晨鸣纸业公司（原汉阳造纸厂）排污的影响，最后不得不将取水口选在其下游 1000m，为避开影响，放弃了岸边取水，而采取从江心 300m 处取水，仅这一项工程投资就增加了 430 万元，比从岸边取水投资增加一倍多。据初步统计，长江干流共有取水口 500 多个，目前都不同程度地受到岸边污染带的影响。如若都改从江心取水，直接经济损失将达到数十亿元。

长江第一大支流——汉江，于 1992 年、1998 年、2000 年、2001 年、2003 年和 2004 年先后 6 次发生大范围“水华”污染，涉及武汉、汉川、仙桃、潜江等沿汉江重要城市，严重影响了城市供水和用水安全。武汉市宗关水厂等 4 个水厂的取水源都来自汉江，供水区域占武汉市的 60%。每次“水华”污染期间（2—4 月），4 个自来水厂改用其他净水剂和加工方法才能保证合格出水，生产成本大幅度增加。

2004 年 2 月，四川沱江中下游发生了近年来长江流域乃至全国最大的人为特大水污染事故，致使沱江水氨氮严重超标，大量鱼类死亡，给沱江沿江人民生活用水特别是饮水带来极大困难，给沿江工农业生产带来巨大损失。

2007 年 5 月，太湖蓝藻大规模暴发，水源地水质遭受严重污染，给无锡市等地人民群众生活带来很大影响。巢湖、滇池也不同程度地出现蓝藻。

水污染影响渔业生产，长江天然鱼产量呈逐年下降趋势，水质污染是减产的原因之一。如南京以下江段产的鲥鱼、刀鱼等与 20 世纪 70 年代相比减产 80% 以上；长江干流四大家鱼产卵场和渔场，规模缩小甚至消失。鱼质量下降，鱼体残留毒物量高，有的已有明显酚臭味，失去食用价值，如武汉市

1990年仅直接受污染的精养鱼池1.5万亩，有明显异味的鲜鱼品250万kg，损失近500万元。工矿企业附近小溪、库塘等出现死鱼现象更是屡见不鲜。1997年5月，武汉墨水湖渔场因水污染死鱼50万kg，直接经济损失达317万元。

长江口地区的生态资源原来极其丰富，但因多年来的环境污染、水质恶化、高度围垦等原因，河口生态系统全面衰退。水体的富营养化、赤潮频繁发生。破坏了渔业生态环境和渔业资源，估计每年损失捕捞量约50万t，价值30亿元。

水污染影响水的景观、娱乐功能，如武汉市的东湖，20世纪60年代以前还清澈见底，是良好的天然游泳场，而现在已受到严重污染，人在里面游泳，皮肤上会马上出现斑点，东湖已基本丧失了游泳功能。目前，东湖风景区因湖水已被污染而臭气熏天。

水污染还影响农业生产，表现为对土壤生态环境的破坏，改变土壤理化性质，影响土壤微生物活动，妨碍农作物正常生长，从而造成减产，农产品质量下降，直接影响了人民群众的健康。如黄石大冶有色冶金工业发达，选矿和冶炼过程中排放的重金属污水对农田造成长期污染，20世纪80年代，重污染区稻米中镉含量，最高超标3～4倍，蔬菜中砷、镉超标普遍存在。

水污染影响水工工程建设。因毒性物质腐蚀锈死排灌设备导致防洪排水时建筑物不起作用的事例常有发生，较典型的是1993年汛期鄂州市哈马湖区大片农田因闸门被污水锈蚀，无法开闸泄洪，导致大片农田被淹。

16.2 城市水环境保护中存在的问题

16.2.1 法规不健全

《中华人民共和国环境保护法》、《中华人民共和国水污染防治法》等都强调按行政区域制定环境保护长远规划和年度计划，并按行政区域进行管理。

但是，流域之间的分水岭未必就是行政区域的边界线，上游排放的污染物顺着天然的地势坡降往下流动越过边界，下游的政府机关却无权干涉。例如，江苏、浙江等省曾排放大量废污水到大运河，对上海市饮用水源构成污染威胁，上海市却无权监督管理和进行索赔。

16.2.2 机构不完善

长江流域包含19个省（自治区、直辖市），但水环境保护管理却是“条块分割”地按地域行政区管理，没有一个按自然水系流域性监督管理机构进行统一指挥、管理和协调，极不利于水环境保护、水污染防治和水污染事故的处理。

16.2.3　规划不完整

长江流域各省（自治区、直辖市）虽制定了各自的环境保护规划，但作为流动性的长江及其各级支流的水环境保护规划却层次较低，均是以本行政辖区的江段或湖区为参照系，缺乏流域宏观规划。况且各地的水环境保护规划的制定标准也各不相同，甚至涉及地方保护内容。

16.2.4　排污不限制

我国现行的环境保护法规规定，工业污染源的排污口由环境保护主管部门统一监督管理，对排污单位要求达标排放，实施排污收费、限期治理等。沿江城市的入江排污口是江河岸边污染带的直接污染源，对于入江排污口特别是城市综合排污口既无具体管理部门也无切实可行的管理法规或办法。排污口的设置，排污是否达标等均处于无单位管理状态。于是，一些沿江城镇或任意排污，或转嫁污染。

16.2.5　省界不设防

沿江城镇在考虑本地区水环境保护工作时，有意或无意地忽视整体和全局，一些城市更是将本地区的重大污染源的排污口向下游迁移，并以邻为壑，导致水污染纠纷不断。

由于上下游、左右岸边界城市或省各自为政，使边界河段缺乏管理或无法管理，污染问题愈演愈烈。如武汉葛店化工厂位于武汉市与鄂州市交界处。20世纪70年代，该厂兴建了鸭儿湖氧化塘工程，污水经氧化塘处理达标后排入长江，有效地保护了长江鄂州段及其下游水质。80年代末，该厂扩建后，工业废水竟直接排入长江，严重污染了长江鄂州段近岸水域，使鄂州市民生活用水质量恶化。由于牵涉市界，问题被提交到湖北省环境保护局和湖北省人民政府，但因地方保护主义，至今也未解决问题。

16.2.6　污染不处理

根据我国现行管理体制，环境保护、水利、卫生、航运、海事等部门对水域均有一定的管理权。但是，当长江发生水污染事故时，往往是虽有多个管理单位，却没有一个统一监督管理机构来指挥或协调进行污染事故的监测、预警、调查和处理，并及时采取措施保护下游水域质量和人民群众健康的。

长期以来，长江水污染事故管理的空白状态给长江流域水环境与水资源造成了破坏，并给社会、经济造成了很大的损失。

16.3　改革建议

16.3.1　建设法制

环境保护是可持续发展战略的重要组成部分。因此，环境保护法制化在实现可持续发展进程中具有举足轻重的地位。我国实行的“预防为主，防治结合”、“谁污染谁治理”和“强化环境保护管理”等是确立环境保护立法的基本原则。

《淮河流域水污染防治暂行条例》的颁布实施，为该流域水资源与水环境保护和管理工作提供了法律依据。长江流域也亟待颁布类似的适合长江水污染特征和流域内社会经济发展要求的流域性法规。

16.3.2　建立机构

鉴于长江流域管理跨行政区、跨部门的特点，为了实现长江流域大环境的宏观保护目标，国务院应尽早设立长江流域水资源与水环境保护机构，或在原长江流域水资源保护机构的基础上重新组建“长江流域水资源与水环境保护委员会”，以便有效行使统一管理整个长江流域水资源与水环境的保护和水污染防治工作。

16.3.3　统一规划

制定长江流域水资源与水环境保护和水污染防治规划是实施长江流域水资源与水环境和水污染防治立法、实现长江流域水资源与水环境的保护和水污染防治工作的重要保证。

长江流域水资源与水环境保护和水污染防治规划应由长江流域水资源与水环境保护机构统一制定。各地区、各部门应根据流域规划再制定配套的区域规划。经批准的流域和区域水资源与水环境保护和水污染防治规划是保护水资源与水环境、防治水污染的基本依据，应纳入流域内各行政区域国民经济和社会发展计划和各行业可持续发展计划中。

16.3.4　总量控制

为了实施污染物排放总量控制，减少排放量，长江水资源与水环境保护机构应在拟定相应宏观治理方案时，采取远近结合、分期实施的原则，合理调整工业布局和产业结构，优化清洁生产。同时，由流域水资源与水环境保护管理机构制定流域各省和重要地区的水资源与水环境保护和污染防治目标及污染物排放总量控制指标，各行政区域再自上而下分解相关目标和指标，并采取污染权交易制度。对大型企业实行单独治理，其他工业废水一律由城市污水处理厂集中治理，以提高处理效率。

16.3.5　省界监测

为了做好长江流域各省、市水资源与水环境保护工作，由流域水资源与水环境保护机构组织省界和重要区域的水环境监测工作，以便有效控制省界断面水质。

16.3.6　排污监管

由长江流域水资源与水环境保护机构对长江干流和一级支流入江排污口实行统一管理，组织例行常规监测，结合水资源与水环境功能区划，提出限制排污总量要求，规范排污口的申报、审批和管理工作。

16.4　展望

长江流域幅员辽阔，物产丰富，工农业发达，改革开放以来，城镇工业发展尤为迅速，但由此而排入长江干支流及湖泊水库的工农业废污水也日益增加，水污染不断加重，水污染事故频发，水域功能下降，影响到城镇供水安全和居民的身体健康。污水排放亟须控制，污水必须处理，本书将在第十八章、第十九章及第二十章推举几种实用的新方法。

第十七章　长江水污染事故的分析及处理对策

17.1　长江水污染事故概况

17.1.1　城市供水水源地水污染事故频繁发生

长江流域因工厂企业违法排污及水陆交通事故引发的污染事故时有发生，突发性污染事故频繁，威胁人民生活、生产和生态用水安全。

17.1.1.1　沿江城市供水水源地

沿江城市供水水源地污染问题，在长江流域是一个普遍性问题。20 多年来，在长江干流上的重庆、武汉、南京、南通、上海等城市，因城市规划和工业布局不合理等问题，工业废水、生活污水不经处理直接排江造成的城市供水被迫中断事故屡有发生。如武汉堤角水厂的上游 1000m 以内就设置有各种排污口 6 个。每逢枯水季节，还受到府环河污水倒流污染的影响，1987 年、1992 年曾发生重大水污染事故。1996 年 2 月又发生了严重的水污染事故，历时长达 25 天，水厂被迫停产，厂方和用户都蒙受了很大损失。

20 世纪 90 年代，江西省九江发电厂长期向长江排放未处理的工业废水，致使上游的九江石化厂供水水源地不断受到污染，长期影响广大人民的生活饮用水安全。

2001 年 10 月 11 日，紧临武汉市新洲区长江饮用水水源地上游的武汉天力化工股份有限公司无视安全和环境清洁生产规定，违规操作且无应急处理制度，致使 200t 盐酸从锈蚀储藏罐很快泄漏入长江，造成长江阳逻江段水质污染，在社会上产生不良影响。

2002 年 5 月 10 日，负担上海 1000 多万市民饮用水的黄浦江上游水源保护区发生了一起重大污染事故，上海华元食品有限公司因重油锅炉阀门失灵，造成约 2.7t 重油溢出，当班人员未采取有效措施防止重油进入水体，而是将大量泄漏重油直接冲入城市下水道，并流入黄浦江支流紫石泾，约 8km 河长的水体受到严重污染。

2004 年，黄浦江上游又发生了硫酸入江重大水污染事故，对上海市民生活用水造成较大影响。

17.1.1.2　南水北调供水水源地

丹江口水库上游每年都发生水污染事故，不但影响当地人民的饮用水来源，而且影响南水北调中线水源地丹江口水库的水质。

2000 年 9 月 19 日，陕西省商洛地区柞水县下梁镇宏源矿业公司下梁分公司金矿尾矿库发生泄漏事故，泄漏含氰化物的工业废水约 160m^3，造成乾佑河水体污染，大量鱼群死亡。

2000 年 9 月 29 日，陕西省丹凤县境内一辆装载氰化钠剧毒品的运输车倾覆，10.39t 毒品泄漏入路侧约 3m 深的铁河河道内，造成特大污染事故，直接经济损失达 1188 万元。虽经筑坝拦河、抽水外排、深挖污砂、化学降毒等环境污染事故的应急处理，但仍有 1200m^3 的严重污染水团经武关河流入丹江。据陕西商洛水环境监测中心多次监测，河道水中氰化物含量竟高达 817mg/L，表明事故现场已受到严重污染，并导致河中鱼类大面积死亡。此次氰化钠污染事故严重破坏了铁河 14km 河段的水生态环境，以及武关河和丹江（武关河河口至丹江荆紫关）的水生态环境。

2001 年，陕西省旬阳县还曾连续发生铅锌矿水污染事故。汉江上游陕西旬阳境内的沿岸铅锌选矿厂（共 8 家）任意向汉江排放废污水，污染物严重超标（铅超 47 倍，锌超 1.4 倍，硫化物超 25.9 倍，悬浮物超 388.5 倍，pH 值超 3.3 个单位），严重影响了汉江的水质，对丹江口水库（南水北调中线水源地）水质也形成严重威胁。

17.1.2　工农业不合理的开发导致“水华”泛滥

长江流域内大小城市的工业废水、生活污水和农业灌溉水，不加处理就排入湖库，使湖库的氮、磷等营养物质不断增加，以致流域内各地城市附近的湖泊、水库富营养化程度普遍较高，如南京玄武湖及武汉东湖均达到了富营养化程度。

滇池一直是昆明市城市供水水源地，但水质一度全部超过Ⅴ类标准，原来占滇池面积 3.5% 的草海接纳了昆明市一半左右的废污水，使水体黑臭，失去了利用价值。

巢湖每年 7—9 月份出现“水华”，湖中藻类大量繁殖，从水面下 0.5m 发展到 1.5m 深处，腥臭难闻。1989 年，以巢湖为水源地、刚建成不久的合肥市四水厂因“水华”被迫停产 23 天，损失超亿元。

太湖营养化面积占全湖 70% 以上，富营养及重营养化面积占 10%。20 世纪 90 年代后，每年夏秋季均有“水华”爆发，藻类的数量在 10 年间增加了 5 倍，1981—2000 年的 20 年就上升了 1.5 ~ 2.0 个营养化级别。太湖总磷的平均值由20世纪80年代的0.005mg/L，上升到目前的0.10mg/L，总氮的平均浓度也由1.94mg/L上升到2.54mg/L，水污染程度已十分严重。

近10多年来，汉江中下游先后6年发生“水华”泛滥，藻类大量繁殖，江水腥臭变色，而且“水华”生成的趋势是：发生间隔越来越短，污染范围越来越大，持续时间越来越长。如2000年汉江发生的“水华”，自2月26日开始发生，延续到4月中旬，为害严重；2003年2—3月，汉江下游先后发生四次“水华”，为历年来所罕见。对“水华”监测的结果显示，汉江下游水体总氮、总磷及叶绿素含量较高。

据笔者率领长江流域水资源保护局“汉江水华污染事故调查组”多次实地调查研究，汉江“水华”发生原因是汉江沿江城市工业废水和生活污水大多未经任何处理就直接排入了汉江，造成水体污染严重，并形成明显的污染带。特别是潜江磷肥厂、仙桃磷肥厂、汉川造纸厂等排放的工业废水，以及沿江城市生活污水大量直排汉江，每个排污口周围水域都呈现出一片黑色或白沫，并且臭气熏天。

另外，入汉江的支流——襄樊的小清河、唐白河，宜城的蛮河，荆门的竹皮河等污染非常严重，几乎成了臭水沟，汇入汉江后对干流水资源构成了严重威胁。

沿江一些湖库闸坝在枯水期将沉积的污水排入也对汉江水体质量造成了很大影响。

17.1.3　污水排江，以邻为壑，转嫁污染造成水事纠纷

目前有一种不良倾向，沿江城市向长江索取的多，付出的少。不少地方为解决当地水环境问题，不是积极地建造或就近利用污水处理厂，而是以所谓“充分利用长江水环境容量”为名，兴建截污排江工程，将当地的工业废水、生活污水不经处理转排长江。这种不顾大局、以邻为壑的行为，不仅加剧了长江的水污染，也导致一些地区上下游之间发生水污染纠纷。

2001年10月13日，长江流域水资源保护局接到湖北省境内的陆水赤壁河段遭到严重污染的报告后，由笔者率队赴赤壁市、荆泉镇、崇阳县等地对陆水河的污染情况进行了调查。发现沿陆水河的金昌造纸股份有限公司、蒲圻纺织总厂、荆泉造纸厂、赤壁晨鸣纸业公司等大小工厂的生产废水未经任何处理直接排入陆水河，严重污染了陆水河库，造成当地和下游人民生活用水困难。同时，还造成陆水河下游水质及生态环境严重恶化。

2001年底，一封宜昌市的检举信引起长江流域水资源保护局的高度重视，地处宜昌市区长江以北2km处的湖北安琪酵母股份有限公司作为行业的排头

兵，却是一个不折不扣的污染大户。这家上市公司一直将生产废水直接排出厂外，经下水道流入长江。污水在入长江口处，形成宽约16m的褐色瀑布，在长江近岸水域形成上百米长的黑水黄沫污染带。经监测，废水中化学需氧量超标195倍，超标率为100%；挥发酚超标2.9倍，超标率为100%；日均排放化学需氧量264t。值得注意的是，像安琪酵母股份有限公司这样的污染大户在长江至少还有100家以上。

我国曾发生多起重大的省际水污染事故案，鲁冀、苏浙、浙闽之间都曾发生过。如2001年10月22日，浙江嘉兴市秀州区与江苏苏州市盛泽镇由于排污问题引发矛盾，嘉兴市部分群众在浙江界河麻溪港筑坝堵河，这起省际边界水事纠纷，社会影响很大。类似事例不止一件，这类由水污染而引起的水事纠纷，集中反映了我国水资源管理与保护和水污染防治中的突出问题。

17.1.4　长江船舶污染事故多

船舶造成水污染的原因主要有：①运营操作不当；②意外事故（包括船舶碰撞、搁浅、火灾和装卸作业失误造成的污染）。

船舶污染主要分油污染、有毒有害物品污染、船舶垃圾污染和生活污水污染。据统计，1990—2001年长江干流有记录的船舶污染事故880余起，仅1996年1年就达105起（中国轮船91起，外国轮船14起）。1995—2000年经有关部门查处的船舶污染事故计465起。近几年长江船舶污染事故更是不断发生，危害日益严重。

17.1.4.1　油污染

1989年1月2日，长江62008油驳船队在长江中游大兴洲触撞沙滩，爆炸起火，原油4400t燃烧，引起江面大面积污染。

1995年6月19日，长江油运1070驳在万县江段发生泄漏，1028t航空煤油泄漏长江，酿成特大恶性事故。

1996年8月，武汉石化总厂青山夹5号囤船卸油时，因操作不当，造成原油入江。

1997年6月3日，“大庆243”油轮在南京锚地发生特大爆炸沉没事故，致使数千吨石油泄漏入江。

2010年7月14日，南京栖霞区长江水道龙潭紫金山船坞下游水域，一艘准备进船坞维修的大货轮“长宁号”，行驶途中撞到江面小码头边停靠的一艘名为“长轮1057”污油接收船，污油接收船上的柴油泄漏，导致附近千余平方米江面受污染。事发水域上游约1km处，就是自来水公司的一个取水口，属于重点保护水域。

17.1.4.2　毒害品污染

近年来，有毒化学品运输量每年约500万t，哪怕万分之一的事故发生率，其数量也很大。船舶常常由于装卸作业失误或发生海损事故，造成毒化物水污染。据不完全统计，1990—2001年长江干线共发生大事故27起，典型事故如：

1990年6月27日，湖南桃源的钢甲驳在荆江口沉船，致50t苯酚落入长江。

1990年11月8日，长江0802油驳与花溪103轮在重庆江段相撞，致使137t浓硫酸落入长江，水域严重污染。

1993年4月4日，涪陵的仁义8号机船在长江泄滩起火沉没，16.5t农药掉入长江。

1994年10月21日，如皋机90号轮翻沉，50t农药掉入长江。

1996年12月19日，渝乐201号拖轮在长江云阳触礁翻沉，硫酸、三氯甲烷等650t掉入长江。

1997年7月6日，忠县川粮204号、205号两驳罐装硫酸330t掉入长江。

1997年10月8日，赣抚油0005号油轮，在云阳下游不幸触礁，149t工业纯苯泄入长江中，这是中国罕见的剧毒污染，惊动了中央和地方政府高层领导人。

1998年6月2日，在江苏江阴有两船发生碰撞，108t硫酸沉入江中。

2000年6月18日，衡山机18号在长江七弓岭翻船，49t农药（甲胺磷）倾入江中。

2001年9月4日，池州货178号和枞阳化017号两船在长江武穴港沉没，203t桶装浓硫酸沉入长江武穴江段。

2009年，在长江宜昌江段又连续发生了装有化学品的集装箱在石牌水域落江和葛洲坝坝前货船倾覆等船舶水污染事故。

另据上海海事局提供的数据，1985—2005年，黄浦江水域共发生突发性船舶污染事故830起，平均每年近40起，泄漏各种有毒有害污染物共计约1423t，平均每年70t。

上述统计数字仅是浩瀚长江上毒害品污染的区区一斑，掩人耳目的、不为人知的违法违规勾当，更是难以胜数，其对水资源及水生生物造成的灾难不容小觑，必须加大相关船舶的管理力度。

17.1.4.3　船舶垃圾污染

船舶垃圾包括生活垃圾、运行垃圾及扫舱垃圾。长江轮船每年运送旅客约3000万人次，至少产生垃圾2.4万t；常年航行的有11万余艘船舶，流动的

10 万以上船员每年产生的垃圾约 16 万 t，故每年共产生垃圾量高达 18.4 万 t。

船舶垃圾污染突出的危害表现在对长江葛洲坝船闸和电厂的营运带来了严重影响。例如，1997 年 3 月，2 号船闸因人字门操作事故，被迫停运检修。后经检查，闸室内竟有 800 多只破旧轮胎以及钢丝绳等固体杂物垃圾，这些垃圾是造成事故的罪魁祸首。

17.1.5　有毒有害危险品运输污染

1999 年 11 月 8 日，在湖南省涟源市青山硫铁矿转运站，一列装载有毒有害的硫氰化钠铁罐车在无人看管的情况下其阀门被人故意砸坏，致使 42t 硫氰化钠泄漏，其中 25t 流入附近的七星街镇归水河后汇入涟水河上游，造成七星街镇以下 40 多 km 长河段被严重污染。硫氰化钠流经的地方出现了大量死鱼现象，河水也逐渐变成灰白色，一股臭鸡蛋味从河面弥漫开去，受污染的河水、井水都臭不可闻，影响到周围 50 万居民的生活用水。

17.1.6　生活垃圾固体废弃物的污染

长江沿江城镇都以边滩地作为居民生活垃圾和工农业废弃物的堆积场，近 20 年来全江已堆积 100 多万 t。每年汛期，经洪水冲刷和雨水淋溶，固体废弃物中的有毒有害物质流入江水，对水质造成了严重污染；尤其是暴雨和洪水将大量固体废弃物冲入江中，大量漂浮物特别是难降解的一次性塑料用具顺江而下，形成了白色污染带。就葛洲坝电厂而言，每年汛期，大量的泡沫塑料和塑胶制品夹裹着动物的尸体、农作物秸秆等在机组进水口拦污栅前集结，堆积厚度在水面以上 2 ～ 4m（使拦污栅压差上升，时常达到 3 ～ 5m），严重阻碍水流，降低了机组发电效益，更威胁了电厂的安全运行。例如，1998 年 6 月 29 日—7 月 18 日，因垃圾堵塞电厂进水口，造成发电机组停机 51 台次，估计损失发电量 3650 万 kW · h。

2001 年 11 月 7 日，长江水利委员会白河水文站职工写信给长江流域水资源保护局，反映丹江口水库上游的陕西、湖北沿江城市将生活垃圾直接倾倒在河堤处的河滩，并沿河道随意开挖填埋废土废渣，把河道当成垃圾场。当地虽有相应管理机构，但只是摆设。

17.1.7　突发事件引发水污染

2008 年 12 月 13 日，湖北省武汉市某化工厂发生爆炸水污染事故，直接影响到武昌地区大面积供水。

2009 年，位于金沙江和横江交汇处的云南省水富县云天化工股份有限公司合成氨塔发生爆炸，由此引发长江水污染事故。

17.2 水污染事故原因分析

《中华人民共和国水污染防治法》等相关法律法规颁布实施20年来，长江水污染事故有增无减，这是值得深思的。经分析，造成长江水污染事故日趋严重的原因主要有以下几点：

（1）流域内一些地区或部门没有处理好发展经济与保护环境的关系，常以牺牲环境的代价来发展地方和部门经济，致使水污染恶化趋势一直得不到有效遏制。

（2）地方环境保护等行政主管部门管理不力，地方保护主义严重，有法不依，执法不严，对水污染事故的处理，往往是大事化小，小事化了。

（3）一些地方政府保护长江的意识更加淡薄，抱着长江水量大、排点污没啥和保护地方纳税大户的思想乱作为，使污染大户得以生存和发展，但长江水污染却日益加重。

（4）相关部门没有按照水的自然属性对水资源与水环境保护进行流域化管理，没有对水资源保护与水污染防治进行流域性统一立法，统一规划，统一管理。

（5）长江横跨19个省（自治区、直辖市），仅由地方政府或单一部门来处理长江水污染事故，必然存在局限性，难以发挥代表国家行使水资源与水环境保护管理的职能作用。

简言之，即管理机构不健全，体制不完善；水资源保护政策法规不具体，缺层次；基础工作薄弱；管理技术落后；经费投入严重不足；监测能力滞后以及对水污染危害的认识不足。

17.3 对策及建议

防患长江水污染及突发性水污染事故，是水污染防治和水资源保护的一项紧迫的、重大的、长期的和涉及面广的工作。防止水污染事故，应从领导、立法、体制、机制、投入及认识上着力。

17.3.1 补充完善有关法律、法规

适时修订完善《中华人民共和国水法》、《中华人民共和国环境保护法》、《中华人民共和国水污染防治法》等法律、法规，确立水资源保护内容和明确

流域水资源保护机构的法权。授予流域水资源保护机构统一协调、监督、管理等职权。

17.3.2　建立流域性统一监管机构

应尽快建立具有统一监督管理、监测预报、协调处理水污染事故的流域性专门管理机构，以进行有效的统一领导，并制定和实施“长江流域水资源保护管理条例”。在此之前可由国家相关部委和长江流域各省（自治区、直辖市，以下同）人民政府联合制定“长江流域防止（江水）突发性水污染事故的规定”，以规定各省管辖范围之内突发性水污染事故的监督管理和应急措施的指挥调度；有关的业务由各省水利、环境保护部门联合负责。现有的长江流域水资源保护机构负责长江流域日常省际、部门间有关水资源与水环境保护方面的协调、监管工作。

17.3.3　保证措施

（1）建立有效的长江水污染事故报告制度。

（2）建立长江水污染事故预警预报系统和应急处理系统。

（3）建立健全长江流域水环境与水资源保护和生态建设投入机制，明确各级政府对流域水资源保护和水污染防治的投入比例，保障水资源保护工作的必要经费。

（4）节水和治污是解决水污染事故的有力措施。

17.3.4　对当前长江突出的船舶污染的防治

应以防止船舶油污染（为最主要的污染）、垃圾污染、毒化物品污染为重点，加强环保思想意识及宣传，加强防污监测，完善轮船垃圾定点交付制度，提高船舶污染应急处理能力。为船舶配备《油类记录本》及油水分离器等设备，配备和完善《船上油污应急计划》。

针对船舶突发性水污染事故，如常发生的船舶溢油事故，应设置专管机构及设备，建立有关船舶溢油事故应急处理体系，包括指挥中心、咨询评估中心和应急指挥中心。其应急处理程序如下：

发生溢油 —报告→ 当地港监部门 —报告→ 长江海事局与长江流域水资源保护局联合组成的指挥中心 —通报→ 咨询评估中心 —确定→ 清油方法 → 应急指挥中心采取措施执行清除油污 → 处罚、索赔 → 善后处理

因此，应建立监控和报告制度，溢油清除队伍及溢油应急设备等都应配套齐全。还应建立水污染事故预警、预报系统及相关组织、设施。进行船舶溢油风险分析，溢油迁移转化模型的污染区域预测，溢油防治技术等科学研究；加强和完善船舶流动污染源监测系统及水质监测。

17.4 展望

长江水污染事故的危害与威胁主要在事故发生地及其下游。对该类事故的调查、预警、预报、分析、处理等重要环节，要有一个权威机构，协调不同地区和不同部门统一运作，使污染事故的损失减小到最低限度。应制定相应的事故报告与处理程序及制度，建立水污染事故专项处理基金，使水污染事故的处理能顺利进行。

须从流域整体出发，建立统一的水质监测站网，统一监测技术规范和标准，充分利用和发挥现有机构的技术与力量，对长江水资源与水环境质量进行监测和治理，调查与监测省界、市界之间的水资源保护纠纷和其他水污染事故。

第十八章　城市废污水的治理及其回用

18.1　水资源危机

水是一种宝贵的资源。人们对水的看法已进入到新的时代。过去人们都认为，水是“取之不尽，用之不竭”的廉价品，从未把它看做资源。现在，人们才逐渐认识到它不仅是人类与其他一切生物生存的必要条件，也是国民经济发展不可或缺的重要资源。在缺水地区甚至把它提高到“资源的资源”的重要地位。

美国“世界观察研究所”曾在20世纪90年代对全球范围的水资源进行了调查和研究，在《在缺水的年代重新考虑水源管理》报告中指出：“由于浪费和过量开采，21世纪世界各国将面临一场类似20世纪70年代能源危机那样的水资源危机。很多国家（包括中国）和地区的工农业生产和人民生活将受其严重影响。”

18.2　造成世界性水荒的原因

18.2.1　生活用水量剧增

由于世界人口不断增加，以及人民生活水平不断提高，造成生活用水量剧增。世界人口年平均增长率为2%，而其生活用水量却年均递增4%。

18.2.2　工农业用水量暴涨

工农业生产发展速度之快和规模之大，造成其用水量的暴涨。20世纪以来，全世界工业用水量增长了20倍，农业用水量增长了7倍。

18.2.3　水资源时空分布不均

世界各国、各地的河川径流在时间、空间的分布上大多呈明显的不均衡性，以致造成地区性水资源紧张。目前已有40多个国家严重缺水，甚至许多城市在闹水荒，如非洲连年大旱，人、畜死亡以百万计。

18.2.4 污水排放与日俱增

随着工业和人口的飞速发展，排放的废污水量也相应急剧增加，致使许多江、河、湖、库乃至地下水等都遭受到不同程度的污染，使有限的水资源倍受损害。据联合国调查，全世界河流的稳定流量已有40%左右被污染。中国水资源与水环境污染的情况请看下列统计：

中国废污水排放总量，1970年为146亿m^3，1980年为310亿m^3，1990年为480亿m^3，2000年为620亿m^3，2007年为750亿m^3，年均增长率达7.7%。其中工业废水量占2/3，且80%以上未经任何处理，就直接排入江河湖库，造成全国近1/3的淡水资源被污染破坏。

从有监测资料的1200多条河流看，有850条受到污染，受严重污染的有230多条，尤其是一些城市附近的河流，污染最为严重。

据对中国5.55万km受污染的河段调查，因水质污染已不宜作灌溉的河段占23.3%，不符合饮用和渔业水质标准的占85.9%，不符合地面水质标准的占47%，严重污染、鱼虾绝迹的占4.3%。

据统计，我国由于水污染所造成的经济损失每年可达500亿元（仅城市污水污染造成的经济损失每年就达300多亿元）。例如，北京热电厂的冷却水取自河道，由于河水污染，汽轮机凝结器经常被迫停机检修，每年停机检修上千台次，少发电2000万kW·h，另外因净化污水每年还要支出380万元费用。

从上述造成世界性水荒的原因看，既有自然因素，也有人为因素，且人为因素的影响更为严重，因而采取必要的有效措施去解决，实属刻不容缓。

解决城市水资源短缺的有效途径之一是废污水的治理及其重复利用。

18.3 水环境保护的战略构想

18.3.1 普及城市下水道和大规模兴建城市污水处理厂

20世纪英国的泰晤士河、美国的芝加哥河都是随着大型污水处理厂的建立和使用而得到复活的，美国、加拿大两国五大湖也是由于在湖边建立了大量三级污水处理厂而控制住了湖泊的富营养化污染。

18.3.2 衡量一个城市污水治理水平的主要指标

18.3.2.1 使用下水道的人口普及率

经济发达国家的该指标已达到70%以上。我国只有20%左右，有些城市尚无完善的下水道系统。例如，以城市下水道的人均长度比较：英国为4.51m，美国为3.85m，德国为3.35m，中国为0.02m（北京0.14m，上海0.25m）。

18.3.2.2　城镇污水处理厂的数量

20世纪80年代，美国有22600座污水处理厂，英国有7800座，德国有7700座，以上国家如按人口平均，每5000～10000人就有一座，而且普及了二级处理。

我国城市污水处理事业是20世纪80年代初才开始发展起来的。据1985年底统计，我国有城市污水处理厂43座，处理能力每日155万t，仅占全国城市污水日排放量的2.4%。截至1997年，城市污水处理厂发展到100多座，即平均1000万人口有一座城市污水处理厂，可见我国城市污水处理的普及率非常低。而且其中不少城市污水处理厂“建得起，养不起”。

18.3.2.3　城市污水治理工程的投资

经济发达国家城市污水治理工程费用约占本国每年国民经济总产值的0.25%～0.50%，我国仅为0.006%。

以上三项指标是互相联系的有机整体，如不解决好，势必造成环境的恶性循环。例如，新中国成立以来，北京市工农业总产值增加了100多倍，城市自来水供应量增加了30倍，但城市下水道只增加了7倍，污水处理还处于刚刚起步阶段。全市每天的200多万t废污水只有一半能进入城市下水道（而且大多最后又原样流入河系），另一半只得就近排入河湖，严重污染了周围的水体，并使那些开发的水资源无法安全使用。

18.3.3　必须改变处理废污水是“赔钱”的错误观点

经济发展与环境污染本来就是同根伴生、形影不离的。根据国外经验，国民经济每增长1倍，污染就增长20多倍，每吨污水要污染20t洁净水体。我们是社会主义国家，不能走资本主义国家“先污染、后治理”的老路，而且实践证明，污染容易，复活难。

美国芝加哥河先后用了80年的时间和6亿美元的治理费用，才使河水水质得到改善，预计再投资22亿美元，才能把河道治理到旅游水平。

况且，由于不愿发展污水处理设施而造成的污染损失，远远超过对污水处理设施的投资。例如，北京、哈尔滨、邯郸、新乡、兰州、广州等城市，由于污染而报废的自来水设施，其经济损失达4800万元，并高于1978年全国城市污水处理和下水道投资的71%，若全面考虑其他损失则更不堪设想。

18.3.4 控制水资源开发的总量和废污水再生资源化

城市工业用水占城市总用水量的80%以上，工业用水中水质要求不高的冷却水等却占工业用水总量的80%，因此城市废污水经适当处理后，作为工厂冷却水或冲渣、洗涤、市政等用水，可减轻城市供水负担的60%。本途径还相应减轻或消除了水环境污染。因此，开发这种潜在的第二水源，不论从现实或长远来看，都具有积极的战略意义。

2007年，澳大利亚实行了联合水计划，即将内陆污水处理厂的出水回用于悉尼的供水，而当普罗斯佩克水库大坝水位下降20%时，悉尼以西的数个污水处理厂的出水将被引入到水库中作为城市供水的补充。这些水将通过两个过滤水厂：水在通过第一个水厂后将被引到水库再引入现有的第二个水厂。当供水量足够时，这些水将用来增大霍克斯伯里河的水流量。来自西卡姆登、利物浦、格林菲尔德和费尔菲尔德污水处理厂的出水将通过一个复杂的反渗透污水处理厂过滤。然后根据大坝的水位，水将通过新建在老运河线路上的管路或是向南引入河流或是向北输入水库。在水短缺的时候，处理后的水将掺入到水库的新鲜水中，大约占其中的10%。而且与淡化水厂相比，能显著地减少电耗。该计划可能代替政府的190亿美元的淡化水厂的快速水供应防御计划。联合水计划的第二部分将斥资4.7亿美元连接悉尼西北部的内陆水处理厂，然后将200亿升水引入霍克斯伯里河作为环境所需。利物浦水处理厂的水已经输送到安斯费尔德作为工业用水。卡梅利亚的一部分水也已经分配为该市的工业回用水。彭里斯水厂、劳斯希尔水厂、圣玛丽水厂和魁克希尔水厂的出水也在政府的悉尼西部水回用计划中被列为回用水了。

18.4 开发第二水资源是解决城市水源紧缺的有效途径

18.4.1 城市废污水的回用

城市废污水可用于以下方面：

（1）农田、林地、草地等的灌溉及水产养殖。

（2）工业冷却水、锅炉水、工艺水、油井注水、矿石加工水、消防水等。

（3）城市园林灌溉，清洗车辆、道路和厕所等。

（4）回补地下水。

（5）食物和衣物的洗涤，乃至饮用。

18.4.2　加强第二水资源的开发工作

现在我国城市每日污水排放总量为6300万t，其中工业废水占74%，对其治理的水平却很差（日处理能力155万t，仅占污水排放总量的2.4%），回用更是微乎其微。这显然是对水资源的充分利用缺乏认识，而且很多缺水城市在搞水资源规划时，忽视了对污水的再利用，而宁愿花巨款和人力物力去开发新水源，这样无节制的开发，势必造成山穷水尽、生态失调的恶劣局面。

截至2005年，我国所有县城及90%以上的建制镇普及了集中供水，自来水普及率达到99%，水质符合或接近世界卫生组织标准。同时，在城市水污染控制方面，城市污水集中处理率平均达到40%。逐步提高了城市供水和水污染控制能力，使城市水环境有所改善。

北京市在30多年里，工业用水增长了44倍，全市用水增长了39倍。然而，也是在这30多年里，北京市的废污水排放量也增加了29倍。如果能将废污水化害为利，则可一举两得。据有关部门统计分析，北京市如每年回收1亿m^3污水，约需投资1.8亿元，这是切实可行的。

但是，目前各缺水城市在规划水资源时，首先想到和提出的措施都是“开源”。而北京地区目前可开发的水资源只有引拒马河水，修建张坊水库，但这些投资都很大（库容4亿m^3一般要花费4亿元），而且工期长，也不能根本缓解北京缺水状况。还有人提出引长江、黄河水入京，但这样浩大的跨流域调水工程在短期内较难实现。

2002年，北京水价为4.6元/m^3，而“中水”每立方米水价则不到2元。然而，在缺水的北京，“中水”设施却建设难、使用率低。“中水”是指处理后达到回用标准的城市生活污水，主要用于冲厕所、绿化、消防、景观用水等。北京市政协在2003年公布的《关于北京建筑“中水”使用情况的调研报告》指出，北京市关于“中水”设施建设的地方性行政法规14年前就已颁布。北京城市固定资产建筑规模每年以1000万m^2的速度递增，而“中水”设施项目却只有200多个，已建成的100多个项目还有1/3没有运行。1987—2000年新建成的1.05亿多m^2的住宅小区中均没有建设“中水”回用设施。有相当一部分住宅建设开发企业为降低成本，想方设法规避建筑中“中水”设施的建设。有的在申报建筑面积时少报多建，有的在项目审批后才增加用水设施和用水指标。

沈阳市在规划水资源中采用了污水资源，这在全国可谓先锋。该市每日用水量达130万t，全靠浑河北岸480km^2范围内的地下水供给。而此地区地下水层仅含水10亿t，预计只能维持10年之久。大量开采地下水的结果，已引起地下水位普遍下降，平均下降1m，最深处下降了6m；况且，由于大量任意排放工业废水和生活污水，已使地表水和地下水资源受到严重污染，如地下水源的硬度超标率达17%；酚超标率为25%～50%；市区80%的井点水质由历史上的弱碱性变成了pH≤6.5的弱酸性。

沈阳市有关部门在水资源日益缺乏和水环境又普遍遭受污染的两难面前，不是就事论事，而是经过请求环境保护科学研究、环境监测、环境工程等多家单位咨询研究，在权衡利弊后，采用了“污水处理回用”策略，这样既可增加水质稳定的水量，又比远距离调水工程小、投资省、管理方便，而且还可使废污水排放量相应大幅度减少，使水环境污染也得到改善。该策略在化工等行业大量实施的结果表明，其经济效益、环境效益和社会效益都十分显著（参见表18－1）。

表18－1　沈阳市化工行业开发水资源的环境经济效益比较

措施 项目	废污水的治理回用	开辟郎家新水源
水量（万t/d）	20	20
基建投资（万元）	1293.95	3500
运行费用（万元）	394.2	598.6
环境效益	减少废污水排放量20万t/d	增加废污水排放量16万t/d

大连市也以地下水为水源。1968年以来，因开采量逐年增大，引起海水向地下水层入侵。故大连市在春柳河污水处理厂（日处理污水6万m^3）二级出水的基础上，再作进一步深化处理，然后回用于甘井子工业区20多家工厂。结果表明：出水水质同国外城市污水实际回用水水质相近。且回用工程投资为296万元，合每万立方米污水投资65.7万元，远小于大连碧流河引水投资额（每万立方米水700万元）；处理成本包括工程投资回收费为每立方米水0.052元，也远少于引碧流河之成本（每立方米水0.40元）。

18.5　展望

我国国民经济总产值每增加1亿美元，污水量就增加0.1亿t。1980年人均产值290美元，10亿人口，总产值2900亿美元，年废污水排放量为310亿

t；2000 年人均产值约 800 美元，12 亿人口，总产值约 9600 亿美元，年废污水排放总量约为 680 亿 t。2007 年人均产值 1000 美元，13 亿人口，总产值约 1.4 万亿美元，年废污水排放总量为 750 亿 t，其中工业废水占 2/3，第三产业和城镇居民生活污水占 1/3。

开发城市第二水资源问题，在国内外已引起普遍重视。污水经适当处理后，水质相对稳定，水量有保证，使用方便，价格低廉。既可减轻水环境污染，又可促进城市生态良性循环，是解决我国北方城市缺水问题的有效途径。

强化城市污水的治理，对南方丰水城市同等重要。例如，苏南大运河沿途的镇江、常州、无锡、苏州 4 市每年排入运河的废污水量达到 4.25 亿 t，使 2/3的河段水质降到地表水环境质量Ⅲ类标准以下。常州市不得不准备另从长江引水，计划第一期引水工程投资 1000 万元，每日引水 10 万 m^3，单位水量投资 100 元/天，比单位回收水量投资的平均水平高出 2 倍。

再如丰水城市上海市，由于水污染造成供水紧张，不得不投资 10 亿元把取水口上移到黄浦江上游。污水得不到治理，也不能排除黄浦江污染上溯的可能性。

目前，国外普遍采用中水道（输水管道独立于上水管和下水道之间）系统。中国城市却一直是饮水与用水不分，冷却水、工艺水与其他用水不分，统统是一套自来水管道、一样的水质。因此，造成很多弊端，如对水质要求很高的饮水（每人每日 4L 左右）达不到标准；对水质要求较低的用水（如冷却水和杂用水，各约占工业和生活用水的 80%）也是标准偏高的自来水，这无疑是极大的浪费。

中水利用的意义就在于：能按照人们的要求提供不同的水质，改变“多种用途、一种水质”的弊端，使已经开发出的水资源能最大限度地使用，使污水排放量和污染物的负荷量大大降低。

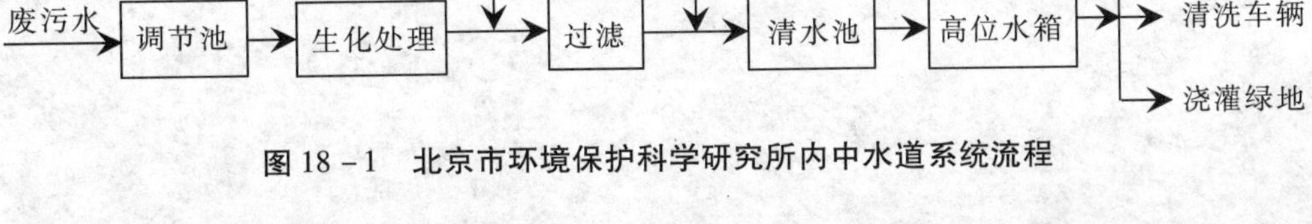

图 18－1　北京市环境保护科学研究所内中水道系统流程

北京市环境保护科学研究所于 1985 年设计和建立了一座日供水量为 $120m^3$ 的中水道试点工程（流程参见图 18－1）。多年来的试验表明：回用水清澈无味，细菌学指标甚至达到了饮用水标准。节水效益非常显著，可节约

40%的用水；另外，其每立方米回用水的成本仅为0.12元。这开辟了单位和社区节约生活用水的先例。

随之，同类中水系统在全国其他一些地区也得到应用。

2002年，海南推出三项生物污水治理专利技术，并在海南三亚南山生态区、三江养殖基地等地区的污水处理回用工程中实施，效果显著。其工作系统模拟自然的生态系统，将多种属JD的生物菌群植入生物生长器内，通过特殊设计的循环体系，形成有效的需氧、兼氧、厌氧的功能区，利用多种微生物菌群以共生共存的方式来分解污水中的污染物质，达到净化水质的目的。其工作效率之高，经专家鉴定达到国际先进水平。经处理的污水质量不但优于国家规定的排放标准，而且无二次污染产生，还可回收再利用。

2001—2005年，安徽省合肥市污水处理管理处在合肥市建设委员会及有关部门的支持下，本着充分体现分质供水、节约水资源、降低水处理成本、提高水资源重复利用率的原则，利用国债资金等开展了“合肥市城市污水处理回用工程”的建设工作，本工程建设规模20万t/d，包括1座污水深度处理厂，39km配套管网，2座中途提升泵站，工程总投资1.2亿元。合肥市城市污水处理回用工程是安徽省第一个城市污水处理回用工程。该工程投入运行后，回用水主要用于环城水体更换、市政及居住小区绿地浇灌、道路冲洗、工业用水等。该工程的建成缓解了合肥市水资源供需日益加剧的矛盾，使合肥市环城水体变为活水，既美化了环境，同时也使南淝河中段河体水质得到进一步改善，还降低了部分居住小区、工厂的管理费用及生产成本。

第十九章　污水氧化塘
——一项适合中国国情的污水处理先进技术

19.1　污水处理概况

人工处理污水，作为防治水污染的主要措施，已有上百年的历史。但实践证明，虽然耗费了巨额投资，却没有从根本上解决水污染问题。因此，自20世纪70年代末以来，即使是经济发达的国家也特别注重发展省钱、省能的污水处理利用技术，氧化塘、土地处理等生态工程系统遂应运而生。

如美国在实现“到1977年在全国大中城市全面普及正规二级污水处理厂”总目标的同时，也大力发展了5600多座氧化塘系统，占其污水处理厂总数（22600座）的25%，日处理污水量达1000万m^3，并成为城市特别是中小城镇污水处理的主要方式之一。

另据统计，全世界已有美国、印度、德国、瑞典、加拿大、澳大利亚、墨西哥等50多个国家不同程度地推广使用氧化塘系统处理污水。

19.2　氧化塘原理

氧化塘是藻类与菌类共生的污水生物化学处理系统，与自然水域的自净过程很相似。它不仅具有净化有机污染物的特长（它比正规二级处理厂能更有效地去除难降解的有机化合物及氮、磷等污染物），而且能去除某些低浓度的重金属，如Cd、Cr^{6+}、Cu、Ni、Zn等。

19.3　发展趋向

19.3.1　国外概况

美国等国家一直积极研究和采用能缩短污水处理时间、提高出水水质和综合利用的氧化塘技术，如厌氧池的兼性塘，即在普通的塘中再挖一个更深的坑。处理水由坑底部进入塘，污泥沉积在坑内，在此进行厌氧分解（还可用一个罩子把小坑罩起来，以便收集沼气）；塘的表面则进行好氧分解。其最大

BOD 载荷为 300kg/（$hm^2 \cdot d$）。

氧化塘的运行方式已由单塘运行，普遍转向多级串联或并联等组合方式。大量实践表明，不同深度的多塘组合系统对污水有较好的处理效果。如厌氧塘→兼性塘→好氧塘，预处理塘→兼性塘→精处理塘，厌氧塘→机械曝气→兼性塘→精处理塘等方式的处理效果较好且较实用。当然，具体组合形式还应以污水的水质水量和地形地貌等来综合确定。

高效氧化塘也称氧化沟。其构造为一封闭式沟渠，沟内设有曝气装置，利用它向污水充氧，并推动污水沿沟循环流动。它是一种物理和生物化学相结合的处理构筑物，它的作用原理与活性污泥法相同。其设计是把曝气池和贮存池在同一单元中结合起来，曝气时间较长，属于一种完全混合的延时曝气系统。既可用于处理碳素有机物，也可用于脱氮、脱磷，特别适用于 5 万左右人口小城镇的生活污水或工业废水的处理。

氧化塘不仅可用于污水处理，而且还可用于养鱼、生产饲料养殖、培育水生植物等，如泰国、以色列、南非等国家就用氧化沟兼种藻类。而藻类既可作为饲料发展养鱼业，也可用作牲畜饲料，或制作沼气、肥料等。反过来，由于在氧化塘中大量引种水生植物，因而使处理水得到生物的再次过滤净化。最适于在污水氧化塘内引种的水生植物有：水葫芦、水花生、美国爵床、宽叶香蒲等。

利用水生生物系统内的水生维管植物（如凤眼莲、浮萍等）、蕨类植物（如槐叶萍、细绿萍等）、藻类植物以及水生动物（鱼类、软体动物和甲壳类等）来处理污水是氧化塘系统的一大特色。美国环境保护局的研究表明，在现有氧化塘系统中引种水生植物等可改善出水水质，而无须增加水力负荷和停留时间。在池塘中种水生植物可使池塘形成阴暗环境，减少丝状藻类的滋生，避免二次污染。多级凤眼莲塘系统运行的数据表明，处理后的出水水质 BOD 和 SS 均小于 10mg/L，氮小于 5mg/L，含磷量可降低 60%，效果良好。美国环境保护局曾资助加利福尼亚州在圣地亚哥建设了一座以凤眼莲净化塘为主体（一级和二级处理）的城市污水处理示范工程。它于 1982 年底投入运行，日处理 3785m^3 污水。其出水可达到饮用水标准。除美国外，德国、日本、印度、荷兰等国家都利用水生生物系统处理污水，并已初见成效。

19.3.2 国内概况

我国利用氧化塘处理污水已有较长的历史，但发展规模始终不大、质量不高。例如，珠江三角洲农村曾利用池塘接纳和处理人畜粪便和蚕粪等，并用作营养源繁殖藻类和浮游动物去养鱼。直到 20 世纪 70 年代后，我国部分地区才有意识地应用技术进行较大型的试点工作。

齐齐哈尔氧化塘工程就利用城郊一个近 800 hm^2 的旧河套涝洼地筑坝拦水而成。城市污水通过明渠、提水泵站引入塘内进行净化（日处理量达 25 万 t），处理后用于灌溉农田及水产养殖，在丰水期排入嫩江。

据统计，齐齐哈尔氧化塘工程的建设投资仅 1000 多万元，是建设同等规模污水处理厂的 1/7；运行费 38 万元/年，仅是污水处理厂的 1/36，并且同样达到了处理污水的目的。据测定，城市污水在塘首的溶解氧接近于零，到塘尾就上升到饱和值的 80% 以上；悬浮物在塘内的去除率为 90%；COD、BOD 去除率均在 85% 左右；木质素、洗涤剂也有一定去除。经氧化塘处理后的城市污水，接近活性污泥法的处理效果，并达到我国污灌水质标准。为此，齐齐哈尔市污灌面积达到 2 万多亩，年利用污水资源 240 多万 t。据测算，齐齐哈尔氧化塘工程从 1970 年开始运行，至 1990 年该氧化塘处理污水与污水处理厂相比，仅运行费一项就可节省 2 亿元。

1976 年，地处湖北省鄂州市、投资 600 万元兴建的鸭儿湖氧化塘工程正式投入使用。它是我国首个利用自然环境的自然能力成功地去处理一个化工区（武汉市葛店化工厂等）的有毒有害工业废水的环境生态工程。该氧化塘的主体工程是从污染最严重的鸭儿湖的一个子湖（严家湖）划出 3000 亩水面，筑堤 6 条，并分隔成 1 号氧化塘（300 亩）、2 号氧化塘（300 亩）、3 号氧化塘（700 亩）和 4 号氧化塘（1500 亩）。其配套工程包括 3 个化工厂工业废水排出汇集处修建的污水平衡池（300m^3），平衡池至氧化塘的长 5673m、管径 1.2m 的管道，以及为利用废水处理后产生的大量磷、氮元素（可作为养鱼水体的肥料），在氧化塘出口处修建的鱼种塘 3200 亩。同时在氧化塘周围开辟泄洪港，来解决附近雨水径流、农田灌溉及村民饮用水问题（参见图 19－1）。

鸭儿湖氧化塘设计处理能力为：最大水量 8 万 t/d，COD 总量 16t/d，对硫磷 24kg/d，乐果 44kg/d，对硝基酚 90kg/d，有机磷 313kg/d，六六六 16kg/d。据实测，武汉市葛店化工厂的有毒有害工业废水经厌氧塘—兼性塘—好氧塘—鱼种池等四级串联形式的氧化塘工程处理后，达到了很高的净化效果，以年均去除率计：COD 77%，马拉硫磷 98%，乐果 93%，六六六 86%，有机磷 83%。鱼种池的成鱼产量由污染治理前的 10 万 kg 增产到治理后的 25 万 kg。化工区工业废水处理后，沿湖地区每年增产 1500 万 kg 粮食，居民饮用水的水质得到了很大改善。其出水水质达到地面水质标准后排入长江。

鸭儿湖氧化塘工程的污水处理运行费只相当于同等规模常规污水处理厂的 1/10。通过 20 多年的运行，充分显示了生态工程的威力，并取得了显著的环境、经济和社会效益。即在不用一台机器，不消耗一公斤燃料和一度电力的情况下，每天能处理8万多t有毒有害化工废水，并将其转变成有用的资源。每年总收益达800多万元，而总的运行费用共达189万元。这两大项之差即该工程每年的净收益达600多万元。

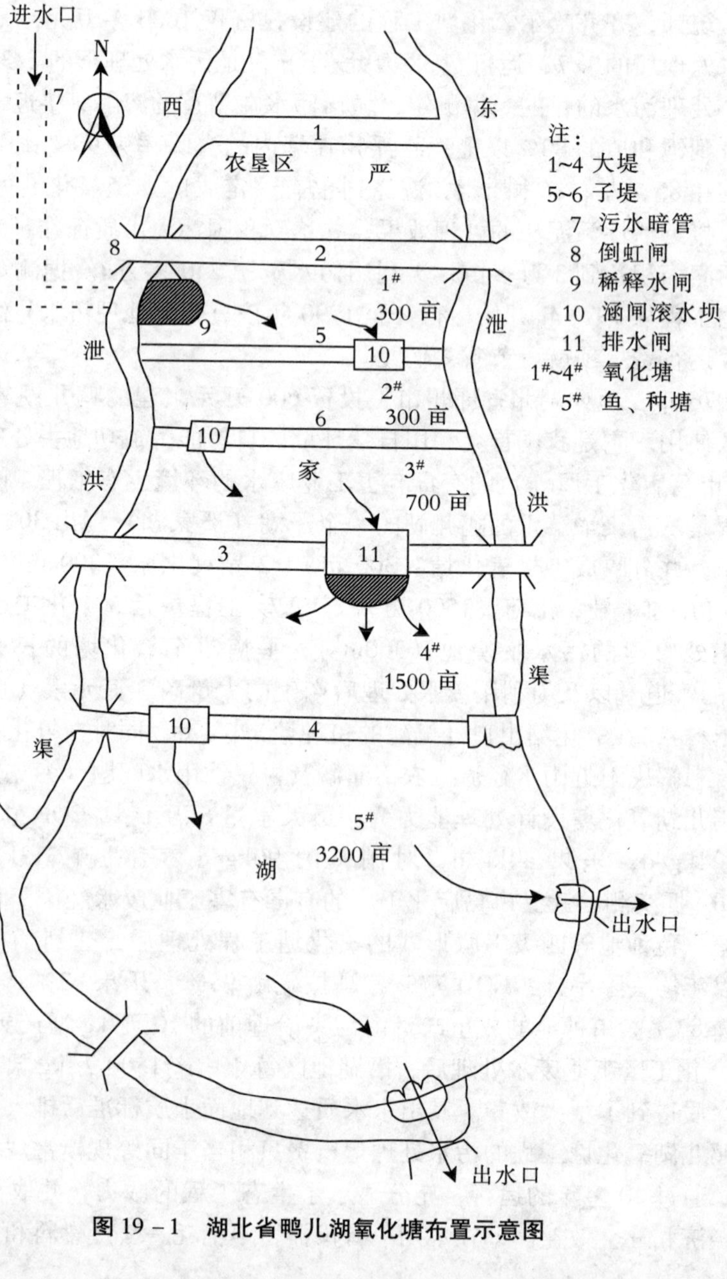

图19-1　湖北省鸭儿湖氧化塘布置示意图

国内不少地方都开展了用氧化塘工程处理城市污水的工作，做得较好的有齐齐哈尔、安达、石家庄、鄂州、桂林、集林、太原、长治、西安、保定、广州、上海、天津、长春、青岛、牡丹江等市。山西省、内蒙古自治区等还要求在全省（自治区）推广运用氧化塘工程。这些城市污水或工业废水用氧化塘处理后效果都很好。

19.4 氧化塘与综合利用

我国的氧化塘与国外的氧化塘不同，国外的氧化塘大多限于以藻菌共生系统净化污水，往往出现水中藻类过多现象，使受纳的水体受到二次污染，还需要采取较复杂的除藻技术。我国的氧化塘则大多不存在此问题。其主要原因在于通过综合利用（如种植水生植物、养鱼、养鸭等）形成食物链人工生态系统。其中不仅有分解者（细菌和真菌）、生产者（藻类和其他水生植物），还有消费者（鱼、虾、贝、螺、水禽等），三者分工协作，对污水中的污染物进行更有效的处理和利用。

处理与综合利用相结合的生态系统氧化塘由于种植水生植物等，能快速而有效地吸附和降解污水中多种有机污染物，其净化效果要比一般的藻菌共生系统氧化塘好得多。例如，广州市大坦沙污水处理厂氧化塘种植水葫芦后，BOD_5 的去除率从原来的 57.4% 提高到 74.5%，氰化物的去除率从原来的 79% 提高到 93%。

石家庄市西三教村污水氧化塘，污水流经二、三组串联塘，停留时间共 10h，其最佳去除率为：酚 64%，氰 95%，砷 94%，铬 79%。其中种植水葫芦的第二级塘净化效果最为突出，如氰化物在种植水葫芦的第二级氧化塘中仅停留 3h，去除率竟高达 74.3%。而在不种水葫芦的第三级氧化塘中停留 6h，仅去除不到三成。

这种停留时间短的生态净化塘的优点是：①占地面积与规模相同的常规二级处理厂相等或更小；②造价低廉，基础单价为 2050 元/（m^3·d），仅为常规二级污水处理厂的 1/10；③运行费用低廉；④氧化塘出水还可用于灌溉、养殖等。由于具有上述优点，生态净化塘在我国很多城市兴起。

“十五”重大科技专项“武汉市汉阳地区城市面源污染控制技术与工程示范”工程中利用多级氧化塘与复合流人工湿地耦合污水处理系统来处理武汉新建区旺达小区城市暴雨初期产生的高浓度面源污染物和部分生活污水。设计处理生活污水 1400m^3/d，大雨日产初期重污染径流 12600m^3/d。该污水处理系统由两个并联系统组成，参见图 19－2。系统 1：多级氧化塘加水平潜流人工湿地耦合系统位于示范工程区北区，其中，多级氧化塘系统由1、2、4、6号塘串联组成；水平潜流型人工湿地系统由4个小单元并联组成，每个单元的长×宽×高均为50m×25m×0.7m，采用铺设土工膜防渗隔离，湿地种植植物分别为芦苇（1号人工湿地）、香蒲（2号人工湿地）、美人蕉（3、4号人工湿地）。系统2：多级景观塘加复合流人工湿地耦合系统位于示范工程区南区，其中，多级景观塘系统由9、10、11、12号塘串联组成；复合流人工湿地系统由1个垂直流人工湿地（面积$300m^2$，构造深度0.5m）、3个水平潜流并联人工湿地（面积$1500m^2$，平均构造深度0.4m）和2个表面流人工湿地串联组成，总面积为$4500m^2$。

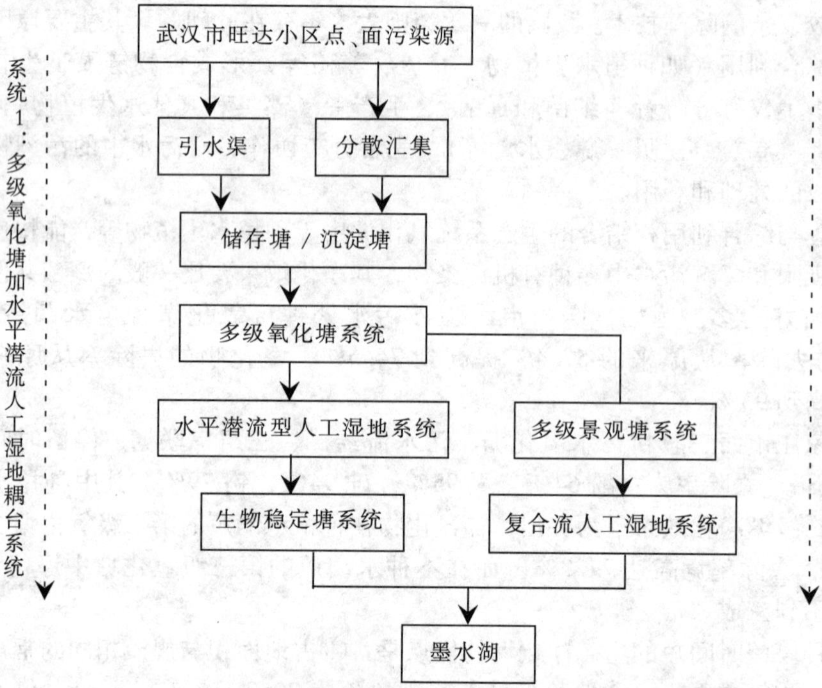

图19－2　多级氧化塘与复合流人工湿地耦合污水处理系统

资料来源：见水利部长江水利委员会，长江水资源保护专辑，武汉：人民长江，2008年，第39卷，第23期。

实践结果表明：①系统1中多级氧化塘对COD_{Mn}、TP、TN、SS等污染指标的削减率分别为：54.15% ±15.53%、49.62% ±19.11%、45.62% ±13.12%、80.36% ±14.30%；②系统2中多级景观塘对COD_{Mn}、TP、TN、SS等污染指标的削减率分别为：31.84% ±10.87%、39.93% ±19.33%、

42.40%±15.66%、46.00%±10.40%；③多级氧化塘加水平潜流人工湿地耦合系统对 COD_{Mn}、TP、TN、SS 等污染物的平均去除率分别为：62.40%、75.04%、64.61%、92.74%；④多级景观塘加复合流人工湿地耦合系统对 COD_{Mn}、TP、TN、SS 等污染物的平均去除率分别为：65.18%、82.13%、81.28%、85.41%。本污水处理系统充分发挥了多级氧化塘和复合流人工湿地的优势，提高了系统运行的稳定性和出水水质。多级氧化塘的储存净化功能可以降低人工湿地处理的污染物负荷率，有效防止人工湿地堵塞，提高除污能力；人工湿地系统缓冲容量大，利用物种共生、物质循环再生原理，遵循结构与功能相关原则，可有效促进废水中污染物质良性循环，充分发挥资源的生产潜力，获得污水处理与资源化的最佳效益。

19.5 展望

根据我国国情，盲目走发达国家全面普及城市二级污水处理厂的道路来解决水污染问题，从各方面来说都不现实。因我国每天排放污水量近 2 亿 t，如都建正规二级污水处理厂，共需投资数千亿元，且每年的运行费用达数百亿元。而城市氧化塘系统是低投资、低能耗、低成本、高效率、高利用、高回报的污水处理工程技术，在我国一些城镇和地区完全可以代替二级污水处理厂。

若我国有 10% 的污水用氧化塘进行处理，其基建投资、处理费用和电耗均按二级污水处理厂有关费用的 50% 计，可为国家节约投资数十亿元，节省的能源、资源更是不可估量。

我国气候温和、地域辽阔。根据目前全国废污水的组成比例和在各地区分布的情况，以及自然环境条件和社会实力，至少有 20% 的废污水可通过氧化塘等生态环境工程去处理，发展前景广阔。如北方地区有许多低洼盐碱地，开垦为农田往往产量很低，而用于修建污水生态净化塘，既能有效地净化污水，又能通过综合利用收获可观数量的水生作物、鱼、鹅、鸭等农副产品，获得远比低产农田大得多的经济效益。这不仅谈不上“多占土地”，而且是更有效地开发和利用土地，还可与污水土地处理法联合使用。在南方丰水地区，宜采用常规一级处理与生态净化塘相结合的污水处理利用系统，也可采用一级处理→兼性塘→稻田养鱼等处理流程。

总之，污水氧化塘系统跟常规污水处理厂的概念和做法截然不同。后者把污水单纯地看成废而无用的污染物，而花费大量的能源和资源去处理它；而前者则是把污水作为有用的可再生资源，以太阳为能源，通过适宜的人工生态系统将污水中的有机物和其他无机营养盐一起转化成一些有经济价值的产品，为人类提供新的资源和能源，从而构成人类生活和生产过程的生态良性循环系统。

可见，这种新的污水治理途径要比传统的处理方式更为先进和合理，它正以其强大的生命力在全世界迅速发展壮大。

第二十章　污水土地处理与利用系统的发展趋势

20.1　污水土地处理系统

污水土地处理系统（构造简单、维护容易、基建和运行费低廉、节省能源和资源）的原理是：利用土壤及其中的微生物和植物根系对污水进行净化，除去其中的污染物，同时利用污水中的水、肥资源，达到农作物、牧草或树木增产的目的。但它与季节性污水灌溉不同，是以防止污染为主要目的的全年性污水处理工程。

污水土地处理系统一般由氧化塘→贮存湖→灌溉田三部分组成。这样可对全年的污水进行处理、贮存和利用，既消除或大大减轻了对水环境的污染，又把污水作为再生资源予以重复利用。

污水土地处理系统的出水水质基本接近或达到三级处理水平，其代表性的去除率为：悬浮物、BOD、细菌、病毒等都不小于98%；磷、氮不小于85%；重金属不小于95%。

20.2　国外发展概况

世界上许多国家如美国、英国、法国、德国、波兰、澳大利亚、加拿大、印度、新西兰、墨西哥、保加利亚、丹麦等在19世纪中叶便开始发展污水土地处理系统。

特别是美国等发达国家在水污染控制方面曾走过一段弯路，如盲目普及大型、高级污水处理厂，并实行“零排放”政策等，在耗费大量资金、人力、物力的情况下，水体污染仍未得到根本改善。此后，发展投资少、能耗低、易管理、净化效果好，还可回收水、肥资源的污水处理工艺和技术成为首选。

于是，美国等发达国家便正式把污水土地处理系统作为革新或替代的污水处理技术，用来代替污水优化的处理方法。1985年，美国有2995个城市废水土地处理系统运转，1000多个一级或二级污水处理厂的出水（约500万 m^3/d）再经过土地处理。2000年，美国有1500多个污水处理厂的出水约700万 m^3/d 采用土地处理系统再处理。

在澳大利亚墨尔本市威里比牧场（总面积达1万 hm^2）兴建的污水土地处

理等生态工程系统占地6667 hm^2。该系统对污水的净化率为：BOD 96%、SS 93%、重金属80%、大肠杆菌99%。牧场排水总渠的水质除Fe外，均达到地方环境保护标准。另据费用效益分析，该土地处理系统（日处理污水量为4.4万 m^3，工业废水占30%）的基建投资约1亿澳元，而建设一个相当规模的污水处理厂则需要2亿澳元；另外，前者运行费为0.024澳元/m^3 污水，后者则需要0.10澳元/m^3 污水；前者的能源消耗也仅为后者的1/45。

目前，国外的土地处理系统技术已经发展完善，即与城市污水处理厂或氧化塘等人工生态系统配套工作，并制定和实施了完整的技术与卫生标准和最佳模式。

如美国环境保护局最近已颁布了进入土地处理系统的污水前处理要求准则：用于浇灌不直接为人所食用的作物或限制公众出入的隔离区的污水，要求进行一级处理；其他情况必须严格进行二级处理和加氯消毒，但绝对不能用来灌溉生食的作物。

近年来，国外污水土地处理系统迅速发展，根据不同的目的、方式和自然条件（土壤、气候等）发展了多种形式的污水土地处理系统。

20.2.1 慢速渗滤

一般由曝气氧化塘→贮存湖→喷灌田配套级成。设计准则是：处理速率应在1～10cm/周范围内，且地下水位应保持一定深度（最小为0.6m）。本系统适用于土壤渗水性能良好的壤土和砂质土及蒸发量小、气候湿润的地区。

20.2.2 快速渗滤

据国外成功经验，处理速率一般可达0.5～4m/周，土质应满足0.04分/cm < 渗透率 < 24分/cm，处理土壤底层离地下水位必须大于0.9m。适宜采用的土壤种类有砂土、砂质罗坶、罗坶砂土、砾石层及砾石砂土等。

20.2.3 地表漫流

适用于透水性差的土壤（黏土和亚黏土）和有坡度（2%～8%）的田块。其灌溉率可达1.3cm/d，流距在30cm以上。灌水方式可采用喷灌或漫灌。

20.2.4 湿地灌溉

为利用低洼湿地和沼泽地对污水进行处理的方法，兼有改善当地水生生态环境的作用。

20.2.5　地下灌溉

本法通常仅限于小流量污水。当城市独立污水系统经化粪池预处理后，将污水渗入地下，借土壤的渗滤作用和微生物的吸附、生物降解作用净化污水。

20.2.6　复合污水土地处理系统

复合系统是指上述若干方法的组合，以对污水进行综合净化，提高出水水质。如地表漫流法可与湿地法组合，使地表漫流的尾水进入湿地进一步净化。

鉴于污水的农田灌溉对食物链可能造成潜在的污染，近年来国外提倡在有条件的地方推行污水的林地处理。

据美国帕克森的研究报告，从二级处理设施来的出水，以每周 5cm 的速率全年灌溉花旗松实生苗和杨树苗，待其成林后，树木的生长（产）量和氮的吸收量都具有明显的增加，且从林地排出的水质良好，可达到美国的饮用水标准。

20.2.7　人工湿地污水处理系统

人工湿地是为处理污水而人为设计建造的，是 20 世纪 80 年代发展起来的新型污水处理工艺。它根据自然湿地生态系统中物理、化学和生物的协调作用来处理污水，一般由人工基质（一般为碎石）和生长在其上的水生植物组成，是一种独特的基质—植物—微生物生态系统，其中水生植物在系统中具有举足轻重的作用。人工湿地与常规污水处理系统的主要差别之一就是系统中有大型水生植物群落，没有植物就形成不了湿地系统，也不会有好的除污和净化效果。

采用湿地改善水质并非是一个新发明，当人们开始排放污水或废水时，湿地就开始用于净化污水，但直到 20 世纪 70 年代人们才真正开始有目的、有意识地利用人工湿地处理污水。70 年代的湿地污水处理系统大多利用原有的天然湿地，保持了天然湿地的结构。它们大多以泥泽的形式出现，常被结合到氧化塘工艺中，以提高氧化塘系统的处理效果。80 年代后，人工湿地则发展到人工建造的、以不同粒径的砂石为基质的处理系统，并由试验阶段进入应用阶段。1985 年以来，美国田纳西河流域管理局在美国东南部建造了一系列的人工湿地以处理流域内的污水。国际上，就人工湿地污水处理系统这种新的污水处理工艺，先后在美国田纳西州（1988 年）和英国剑桥（1990 年）召开了研讨会，总结了各国人工湿地处理污水的经验，提出了有关机理及一些可供参考的设计规范和数据，标志着人工湿地系统作为一种独具特色的污水处理技术，正式进入环境科学技术领域。

绝大多数自然和人工湿地由以下 5 部分的全部或部分组成：①具有各种透水性的基质；②适于在饱和水和厌氧基质中生长的植物；③水体（在基质表面以下或以上流动的水）；④好氧、兼氧或厌氧微生物；⑤无脊椎或脊椎动物。

湿地系统正是在这种有一定宽比和底面坡度的洼地中，由土壤和填料（如砾石等）混合组成的填料床。废水在床体的填料缝隙中或床体表面流动。在床体表面植有性能好、成活率高、抗水性强、生命周期长、美观及具有经济价值的水生植物（如芦苇、蒲草等），形成一个独特的动植物生态系统，对废水进行处理。

人工湿地污水处理系统的优点是：①去除效率高。如对 BOD_5 的去除率可达到 85%～95%，COD_{Cr} 的去除率可达 80% 以上，对氮、磷的去除率分别为 60% 和 90%。而城市二级污水处理厂对氮、磷的去除率分别仅为 20% 和 60%。②投资、运行及维护费用低。一般湿地系统的投资和运行费用仅为传统的二级污水处理厂的 1/10～1/2。③适用面广。人工湿地适用面广泛，不仅可以用于以脱氮除磷为主要目的的三级处理，还可以直接用于污水的二级处理；不仅可以处理以耗氧有机物和氮、磷等营养物为主的生活污水，而且可以处理以耗氧有机物、重金属和油类为主的工业废水；不仅可以应用于集中点源的治理，还可用于农业面源污染、城市或公路径流等非点源污染的治理。④耐冲击负荷强。采用人工湿地处理污水出水水质稳定，无论是对有机污染负荷还是对水力负荷在一定范围内的波动都有很好的适应性。而且，其本身具有很好的扩充性，因此容易适应未来不确定的负荷增长。⑤综合效益高。人工湿地污水净化工艺能充分地利用大自然的大型植物及其基质的自然净化能力净化污水，并在净化污水的过程中促进大型动植物的生长，增加绿化和野生动物栖息的面积，有利于促进良性生态环境的建设。此外，还可直接和间接提供水产、畜产、造纸原料、建材等，并具有娱乐和教育的效益，真正实现了生态效益、环境效益、社会效益和经济效益的协调统一。

目前，仅在美国就有 600 多个人工湿地的工程用于处理市政、工业和农业废水，400 多个的人工湿地被用于处理煤矿废水，50 多个人工湿地用于处理生物污泥，近 40 个人工湿地应用处理暴雨径流，30 多个人工湿地系统用于处理奶产品加工废水。

在丹麦、德国、英国，每个国家至少有 200 个地下潜流湿地系统在运行，新西兰也有 80 多个人工湿地系统被投入使用。

在北美，自由表面流湿地是主要的处理湿地，其湿地处理系统有 2/3 是自由表面流湿地，其中一半又是自然湿地。自然湿地的大小为 1 ～ 1000hm^2，其中一半在 10 ～ 100hm^2 之间。人工自由表面流湿地通常比较小，60% 小于 10hm^2。自然湿地水力负荷小于人工湿地，系统水深范围为 5 ～ 90cm，以 30 ～ 40cm 较普遍。最常见的预处理是兼性氧化塘，或者说许多湿地系统被用于现行塘系统的精处理。

自由表面流湿地在欧洲发展缓慢，在欧洲应用较多的是地下潜流系统，此技术还在快速发展，特别是在一些东欧国家。绝大多数系统种植有芦苇，也有种植菖蒲、香蒲等其他湿地植物。为了解决系统到天面短流问题，保证潜流，绝大多数系统采用砾石作为填料。虽然有些砾石床也堵塞，但主要是预处理不足、进水中的 SS 含量过大所致。在欧洲，此类系统趋向对近 1000 人口当量的乡村级社区进行二级处理。北美则趋向对人口较多的地区进行高级处理。在澳大利亚和南非则用于处理各类废水。

20.3 国内发展概况

虽然中国在污水的常规处理设施方面非常落后，但在用农用灌溉处理和利用污水方面却有着相当大的规模。据统计，污水灌溉工程的总面积 1963 年为 4.2 万 hm^2，1972 年为 9.3 万 hm^2，1981 年为 66.7 万 hm^2，1992 年达到 300 万 hm^2。

污水灌溉为何在国内得以迅速发展？这是因为随着我国工农业生产的迅速发展，工农业用水量日益增多。实行合理污灌，是广开水肥资源、解决工农业争水矛盾的有效措施之一。

据不完全统计，我国日排放污水 8000 万 t。按其含氮、磷、钾肥分别计算，相当于日产 6400 万 t 氮肥、1200t 磷肥、2400t 钾肥。污水灌溉可大大减轻对自然水体的污染，即使经生化处理后的污水直接排入，仍会对水体造成富营养化污染。但经农田灌溉后，则可一举两得。

但是，我国大多数污水灌溉区的发展都处于自流或半盲目状态，尚未形成或建立土地处理系统的概念和体系。因此，绝大部分污水未经任何处理，基本上是直接利用原污水来灌溉农田。而且主要是灌溉供人食用的谷类、蔬菜等农作物，已普遍、连续出现人、畜中毒事件。仅以镉污染为例，全国已发现土壤被镉污染的有 19 处，总面积达 1.5 万 hm^2；“镉米”产区 11 处，每年产镉米数千万公斤。当地人有的已出现“骨痛病”第三阶段症状。另据监测，全国已有 31 个污灌地区受到较严重的重金属污染。

殊不知，美国、加拿大等发达国家用于灌溉的污水全都是经过一级甚至二级处理的，而且主要限于灌溉牧草和饲料作物，其次为树木、花卉、风景地和文娱场地。因此，两条途径引出两种结果。

我国有很多人以为，污水灌田就是土地处理系统，这是错误的。两者既有联系，又有区别。污水灌田是以水肥效益为目的，强调农业增产作用；而土地处理系统是以水的处理与利用相结合为前提，着重于环境效益，它有以下 4 点特征区别于污水灌田：

（1）污水处理系统要求污水在进入灌溉系统前，进行必要的污水前处理，有严格的水质、水量限制。

（2）要求有适合于土地处理利用系统的土壤、植物、地质、水文等条件，并对其利用方式进行合理的控制与管理等。

（3）对于土地处理系统的结构与功能的关系，要能够进行有效的配合和调控。

（4）要求对承接水体（地表与地下水）的环境质量进行严格保护。

土地处理利用系统能否成功的一个重要方面，是要看其处理后的泄水对于承接水体是否会带来二次污染。特别是在中国半湿润地区的北方，以靠天然蒸发来消耗水量是有限的，因此需要在严格保护承接水体环境质量的前提下加大水利负荷。

总之，一个合理和完善的土地处理系统，应该包括以生物处理为基本特征的不同环节，其结构特征可概括为以下 3 部分：

（1）以污泥微生物的消化、氧化为中心的污水一级处理或二级生化处理系统。

（2）以菌藻共生体系为中枢的污水多级氧化塘、氧化沟或污水水库等污水输送和贮存系统。

（3）以土壤一植物（林、草、植）生态系统为中心的污水灌溉（包括溢流、渗滤）系统。

2002 年，云南省投资 169 万元建成的最大一块人工湿地，相当于一个小型污水处理厂，设计日处理污水 3500～10000t，年处理污水 300 多万 t，可基本满足当地污水处理的要求。人工湿地坐落于右所乡马房村旁，为窑泥沟河人抚仙湖处，由原来的 26 亩菜地和鱼塘改建而成，该湿地建设成条田状，有水泥埂子相隔，分区域栽种着香蒲、芦苇、水芹菜、菱角、慈菇、水竹等 10 多种水生植物。污水在其中的养分经过植物吸收后，进入滤池，经过滤池过滤后流入湖中。这时，原本混浊的污水已变得较为清澈。行走于湿地间的埂子上，犹如踱步于湖滨公园内，周围流水潺潺，满目碧绿，甚是惬意。该湿地每年还能提供 30 多 t 鲜鱼和水生蔬菜，经济收入可支付部分运行管理费用。

20.4　对我国污水治理的建议

我国的地理位置与自然条件都与美国相似。我国华北、西北、东北等地区也与美国的西部和中部气候条件相近（缺雨干旱、冬季寒冷等）。而美国在此条件下的土地处理系统能迅速发展，并正常运转，就说明从自然条件看，我国这些地区建立污水土地处理系统是完全可能的。因此，我国城市污水治理的切实可行方案应该是常规一级处理、土地处理与利用等生态工程相结合。这既能使污水达到更高级的净化效果，又可对其综合利用，实现污水资源化。

在我国北方缺水地区，城市污水已作为一种重要的水资源被用于灌溉农田。因此，宜于采用常规一级处理——→农田灌溉的处理流程。为了对全年的污水进行处理和利用，宜在一级处理之后设置氧化塘和贮存湖，在非灌溉时期对污水进行处理和贮存，并可在贮存塘中种植适宜的水生作物、养鱼、养鸭等，其出水再用于灌溉农田、林木、草地等，以获得良好的环境、经济效益。

参考文献

[1] 全国人民代表大会常务委员会. 中华人民共和国环境保护法. 北京: 中国法制出版社, 1999.

[2] 全国人民代表大会常务委员会. 中华人民共和国水污染防治法. 北京: 法律出版社, 2008.

[3] 全国人民代表大会常务委员会, 中华人民共和国水利部政策法规司监制. 中华人民共和国水法. 北京: 中国水利水电出版社, 2002.

[4] 全国人民代表大会常务委员会, 全国人大法工委编. 中华人民共和国水土保持法. 北京: 法律出版社, 2010.

[5] 全国人民代表大会常务委员会. 中华人民共和国招标投标法. 北京: 中国法制出版社, 1999.

[6] 全国人民代表大会. 中华人民共和国合同法. 长春: 吉林人民出版社, 2006.

[7] 全国人民代表大会常务委员会. 中华人民共和国环境影响评价法. 北京: 中国民主法制出版社, 2002.

[8] 国务院. 建设项目环境保护管理条例. 中华人民共和国国务院公报, 1998 (31).

[9] 国家环境保护总局. 建设项目竣工环境保护验收管理办法. 中华人民共和国国务院公报, 2002 (28).

[10] 国家环境保护总局等六部委. 关于在重点建设项目中开展工程环境监理试点的通知. 2002.

[11] 国家环境保护局. ZDGC 0607. 环境监理工作暂行办法. 1991.

[12] 国家环境保护总局. 关于加强对自然生态保护进行环境监理的通知. 1999.

[13] 国家环境保护总局, 国家发展与改革委员会. 关于加强水电建设环境保护工作的通知. 2005.

[14] 重庆市人民代表大会常务委员会. 重庆市长江三峡库区流域水污染防治条例. 2002.

[15] 国家环境保护总局等. 三峡库区及其上游水污染防治规划. 2001.

[16] 国家环境保护总局. 1999 年中国环境状况公报. 2000.

[17] 国家环境保护总局．2000 年中国环境状况公报．2001.

[18] 国家环境保护总局．2001 年中国环境状况公报．2002.

[19] 国家环境保护总局．2002 年中国环境状况公报．2003.

[20] 国家环境保护总局．2003 年中国环境状况公报．2004.

[21] 国家环境保护总局．2004 年中国环境状况公报．2005.

[22] 国家环境保护总局．2005 年中国环境状况公报．2006.

[23] 国家环境保护总局．2006 年中国环境状况公报．2007.

[24] 国家环境保护总局．2007 年中国环境状况公报．2008.

[25] 中华人民共和国环境保护部．2008 年中国环境状况公报．2009.

[26] 中华人民共和国水利部．1999 年中国水资源公报．2000.

[27] 中华人民共和国水利部．2000 年中国水资源公报．2001.

[28] 中华人民共和国水利部．2001 年中国水资源公报．2002.

[29] 中华人民共和国水利部．2002 年中国水资源公报．2003.

[30] 中华人民共和国水利部．2003 年中国水资源公报．2004.

[31] 中华人民共和国水利部．2004 年中国水资源公报．2005.

[32] 中华人民共和国水利部．2005 年中国水资源公报．2006.

[33] 中华人民共和国水利部．2006 年中国水资源公报．2007.

[34] 中华人民共和国水利部．2007 年中国水资源公报．2008.

[35] 中华人民共和国水利部．2008 年中国水资源公报．2009.

[36]《中国环境年鉴》编辑委员会编．中国环境年鉴 1998. 北京：中国环境年鉴社, 1998.

[37]《中国环境年鉴》编辑委员会编．中国环境年鉴 1999. 北京：中国环境年鉴社, 1999.

[38]《中国环境年鉴》编辑委员会编．中国环境年鉴 2000. 北京：中国环境年鉴社, 2000.

[39]《中国环境年鉴》编辑委员会编．中国环境年鉴 2001. 北京：中国环境年鉴社, 2001.

[40]《中国环境年鉴》编辑委员会编．中国环境年鉴 2002. 北京：中国环境年鉴社, 2002.

[41]《中国环境年鉴》编辑委员会编．中国环境年鉴 2003. 北京：中国环境年鉴社, 2003.

[42]《中国环境年鉴》编辑委员会编．中国环境年鉴 2004. 北京：中国环境年鉴社, 2004.

[43]《中国环境年鉴》编辑委员会编．中国环境年鉴 2005. 北京：中国

环境年鉴社，2005.

［44］《中国环境年鉴》编辑委员会编．中国环境年鉴 2006. 北京：中国环境年鉴社，2006.

［45］《中国环境年鉴》编辑委员会编．中国环境年鉴 2007. 北京：中国环境年鉴社，2007.

［46］《中国环境年鉴》编辑委员会编．中国环境年鉴 2008. 北京：中国环境年鉴社，2008.

［47］水利部长江水利委员会编．长江年鉴 1992. 武汉：长江年鉴社，1992.

［48］水利部长江水利委员会编．长江年鉴 1993. 武汉：长江年鉴社，1995.

［49］水利部长江水利委员会编．长江年鉴 1994—1995. 武汉：长江年鉴社，1996.

［50］水利部长江水利委员会编．长江年鉴 1996. 武汉：长江年鉴社，1997.

［51］水利部长江水利委员会编．长江年鉴 1997. 武汉：长江年鉴社，1998.

［52］水利部长江水利委员会编．长江年鉴 1998. 武汉：长江年鉴社，1998.

［53］水利部长江水利委员会编．长江年鉴 1999. 武汉：长江年鉴社，1999.

［54］水利部长江水利委员会编．长江年鉴 2000. 武汉：长江年鉴社，2000.

［55］水利部长江水利委员会编．长江年鉴 2001. 武汉：长江年鉴社，2001.

［56］长江年鉴编纂委员会编．长江年鉴 2002. 武汉：长江年鉴社，2002.

［57］长江年鉴编纂委员会编．长江年鉴 2003. 武汉：长江年鉴社，2003.

［58］长江年鉴编纂委员会编．长江年鉴 2004. 武汉：长江年鉴社，2004.

［59］长江年鉴编纂委员会编．长江年鉴 2005. 武汉：长江年鉴社，2005.

［60］长江年鉴编纂委员会编．长江年鉴 2006. 武汉：长江年鉴社，2006.

［61］长江年鉴编纂委员会编．长江年鉴 2007. 武汉：长江年鉴社，2007.

［62］长江年鉴编纂委员会编．长江年鉴 2008. 武汉：长江年鉴社，2008.

［63］水利部长江水利委员会编．长江流域及西南诸河水资源公报 2000. 2000.

[64] 水利部长江水利委员会编．长江流域及西南诸河水资源公报2001. 2001.

[65] 水利部长江水利委员会编．长江流域及西南诸河水资源公报2002. 2002.

[66] 水利部长江水利委员会编．长江流域及西南诸河水资源公报2003. 2003.

[67] 水利部长江水利委员会编．长江流域及西南诸河水资源公报2004. 2004.

[68] 水利部长江水利委员会编．长江流域及西南诸河水资源公报2005. 2005.

[69] 水利部长江水利委员会编．长江流域及西南诸河水资源公报2006. 2006.

[70] 水利部长江水利委员会编．长江流域及西南诸河水资源公报2007. 2007.

[71] 水利部长江水利委员会编．长江流域及西南诸河水资源公报2008. 2008.

[72] 老聃，庄周．老子·庄子（第2版）[M]．北京：北京燕山出版社，2004.

[73] 汪斌，谭炳卿，汪达等．水环境保护与管理文集 [M]．郑州：黄河水利出版社，2002.

[74] 郑连生．我国环境水利学科进展 [J]．海河科技，1984（3）.

[75] 方子云．我国环境水利工作进展概况 [J]．水利水电技术，1984（9）.

[76] 郑连生．海滦河流域环境水利问题 [J]．地理研究，1985（2）.

[77] 方子云．环境水利新动向——流域战略问题 [J]．水利学报，1985（5）.

[78] 粟宗嵩．水利与环境 [J]．中国水利，1982（2）.

[79] 马大明，穆仲义，郑连生．城市环境水利的区域特征 [J]．水利学报，1985（12）.

[80] 中国水利百科全书编辑委员会编．中国水利百科全书 [M]．北京：水利电力出版社，1991.

[81] 长江水利委员会长江科学院编．长江志·中下游河道整治 [M]．北京：中国大百科全书出版社，2000.

[82] 潘庆燊．长江中下游河道近50年变迁研究 [J]．长江科学院院报，2001（5）.

[83] 卢金友，罗恒凯．长江与洞庭湖关系变化初步分析 [J]．人民长

江，1999（4）.

[84] 水利部长江水利委员会．长江水资源保护专辑［J］．人民长江，2008，39（23）.

[85] 汪松年．上海水生态修复调查与研究［M］．上海：上海科学技术出版社，2005.

[86] 黄进良．洞庭湖湿地的面积变化与演替［J］．环境导报，1995（5）.

[87] 王苏民，窦鸿身．中国湖泊志［M］．北京：科学出版社，1998.

[88] 袁弘任，汪达．长江志·水资源保护（卷四·第六篇）［M］．北京：中国大百科全书出版社，2004.

[89] 汪占冕．长江流域侵蚀模数等值线的编制和分析［J］．地理学报，1958（4）.

[90] 水利电力部，城乡建设环境保护部长江水资源保护局编．长江三峡工程对生态与环境影响文集［M］．北京：水利电力出版社，1988.

[91] 长江水利委员会编．三峡工程施工研究——长江三峡工程技术丛书［M］．武汉：湖北科学技术出版社，1997.

[92] 水利部科技教育司，交通部三峡工程航运领导小组办公室主编．长江三峡工程泥沙与航运关键技术研究专题研究报告集（上、下）［M］．武汉：武汉工业大学出版社，1993.

[93] 国务院三峡工程建设委员会办公室泥沙课题专家组，中国长江三峡工程开发总公司三峡工程泥沙专家组编．长江三峡工程“九五”泥沙研究综合分析［M］．北京：知识产权出版社，2002.

[94] 吕骥武．为什么同样的暴雨，灾情大不相同［N］．人民日报，1981－9－10.

[95] 陈炳金，汪达等．长江志·规划（卷三·第一篇）［M］．北京：中国大百科全书出版社，2007.

[96] 高拯民，李宪法．城市污水土地处理利用设计手册［M］．北京：中国标准出版社，1991.

[97] 沈耀良，王宝贞．废水生物处理新技术——理论与应用［M］．北京：中国环境科学出版社，1999.

[98] 李作为．美国人转变湿地观念［N］．中国水利报，2001－8－7.

[99] 魏志刚．人工湿地技术的应用与发展．国家林业局网站，2008－1－18.

[100] 于园．云南建成年处理污水300万吨的人工湿地［N］．中国水利报，2002－7－23.

后　　记

水是人类生存和社会经济发展基本的物质基础之一，随着人们生活水平的提高和社会经济的迅猛发展，水资源日益匮乏、水环境逐渐恶化，甚至阻碍和威胁到人类的生活和生存。因此，水资源和水环境保护是人类所面临的一个永恒的主题，同时成为改善现实生活亟待解决的要案，需要我们每一个人从当下大大小小的行动中关心水、爱护水、珍惜水，从而用好水，使有限的水资源发挥最大的社会、经济、环境效益，保证水资源的永续利用！

我有幸生长在祖国母亲河长江边，从小到大都吮吸着长江母亲无私的、甘甜的乳汁。但一些孩子太自私，只顾自己享乐和方便，不顾母亲的安危。同时，由于我国另一条母亲河——黄河被她的子孙们无尽地索取而日渐衰老和干瘪，长江又担负起了哺乳更多孩子的重任。为了让哺育我们的母亲能健康长寿，培育更多、更好的后代，为了让我们的祖国万寿无疆，请大家唤起自己的孝心，共同保护母亲、照顾母亲！

干旱、缺水、洪涝灾难是我们都曾或重或轻遇到过的烦恼和困惑。但学习了人法地，心地能开阔许多；认识了地法天，心境能开朗许多；理解了天法道，心理能开通许多；研究了道法自然，心情能开放许多；阅读了本书，心神能开明许多；推广了和谐道，心怀能开拓许多。

本书既是两代人合作对古今中外治水观的历史扫描，又是对水资源与水环境保护之道求实务新的探索。本书的编写、出版开创了在水资源与水环境保护研究将人文科学运用于自然科学的新道路，特别是作者将道家理念植入了其探索方法和研究著作之中。这离不开数代道家思想传人的生活实践、生产经验、精神修养，特别是古今治水观的研究和探索，其中包括作者“治国、平天下”的胸怀和对“天人合一”、“人与自然和谐生存发展”的身体力行。本书也是作者前进中成功和失意的经验、汗和泪的结晶，可谓数十年磨一剑。

本书脱稿于 2009 年，在特殊不平凡的近两年里，我国发生了南方多省冰雪灾害、四川汶川特大地震、西北华北大面积干旱和南方的大洪水；在世界范围内，全球经济危机和甲型 H1N1 流感爆发，世界两极冰川急剧融化、海平面升高吞噬大面积陆地……这些令人紧张、悲痛的动荡气氛，更加坚定了我们出版本书的决心。

我同意汪达先生的意见：著述和阅读《水资源与水环境保护求实务新说》一书的过程是深入学习和净化心灵的过程，也是巩固知识和提高心境的过程，还是正心修身和静心养性的过程。

让我们更多地了解自然、掌握规律，顺应自然、和谐发展，并自觉地从水资源与水环境保护之道中获得灵感和力量。

汪　丹

2009 年 6 月 29 日于陕西省西安市